做个会说话会办事
会做人的女人

（2版）

迟双明 ／ 编著

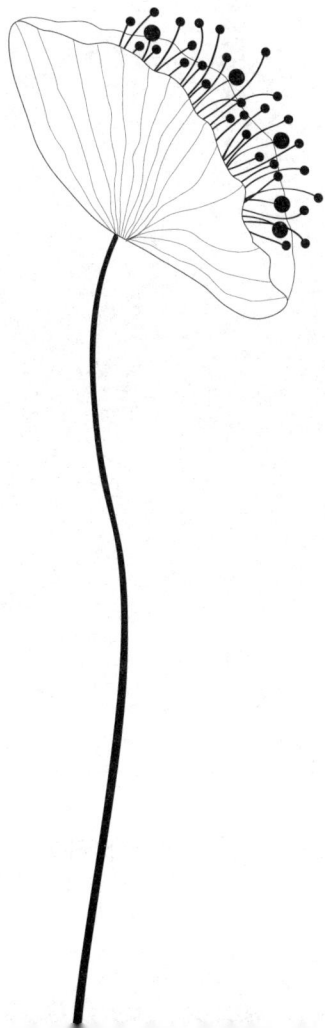

时 成都时代出版社
CHENGDU TIMES PRESS

图书在版编目（CIP）数据

做个会说话会办事会做人的女人/迟双明编著 .--2 版 .
-- 成都：成都时代出版社，2018.11（2019.5 重印）
　ISBN 978-7-5464-2213-8

　Ⅰ.①做… Ⅱ.①迟… Ⅲ.①女性－人生哲学－通俗
读物 Ⅳ.①B821-49

　中国版本图书馆 CIP 数据核字（2018）第 225145 号

做个会说话会办事会做人的女人
ZUOGE HUISHUOHUA HUIBANSHI HUIZUOREN DE NVREN

迟双明　编著

出 品 人	李文凯
责任编辑	樊思岐
责任校对	李　航
装帧设计	范　磊
责任印制	唐莹莹
出版发行	成都时代出版社
电　　话	（028）86618667（编辑部）
	（028）86615250（发行部）
网　　址	www.chengdusd.com
印　　刷	三河市嵩川印刷有限公司
规　　格	710mm×1000mm　1/16
印　　张	14
字　　数	200 千字
版　　次	2018 年 11 月第 1 版
印　　次	2019 年 5 月第 2 次印刷
印　　数	1-8000
书　　号	ISBN 978-7-5464-2213-8
定　　价	39.80 元

会说话：

颜值时代拼"言值"，好口才尽显女人的

魅力和智慧

会办事：

熟谙办事技巧，让女人轻松应对人生难题

会做人：

做个有度量的女人，人生处处有春风

交谈时的含蓄和得体，比口若悬河更可贵。

人性深处最大的欲望，莫过于是受到外界的认可和赞美。

文摘短语

幽默是人际交往的润滑剂，善于理解幽默的女人，容易喜欢别人；善于表达幽默的女人，容易被他人喜欢。

女人可以不漂亮，但不能没有味道；可以没有高学历，但不能没有知识；可以没有金钱，但不能没有自尊；可以没有力气，但不能没有善良；可以没有权威，但不能没有道德修养。

　　女人一生无非就围绕着三件事：个人、家庭和事业。对于新时期的女性来说，温顺、美丽、温柔已经不足以支撑女人的一生，还必须要睿智、聪明，包括独立和主见。女人，要有自己的圈子，有自己的事业，有自己的小社会。要做到这些，就必须学会和人交际的能力，学会如何说话、如何办事、如何做人。

　　会说话、会办事、会做人可以说是人生存的三大技巧。懂得了其一，便足以立身；懂得了其二，便让你不同于他人；懂得了其三，则让你无往而不胜。只有成为一个会说话、会办事、会做人的女人，才能够过上自己想要的生活，享受一个完美的人生。

　　会说话是成功女人的必修课。西方有句格言说："世间有一种能力可以使人很快完成伟业，并获得世人的认可，那就是讲话令人喜悦的能力。"是的，会说话的女人懂得适时送出赞美，让人听了如沐春风；即使是批评也变得悦耳；懂得什么时候该温柔婉转，什么时候该仗义执言；面对不同的人，会采取不同的说话策略；不仅会说，且会倾听。简言之，会说话可以让女人更具魅力，会说话可以让女人左右逢源，会说话可以让女人人见人爱。

会办事是一门学问，需要眼明心亮。俗话说："世上没有办不成的事，只有不会办事的人。"只有将办事的规则和技巧演练到烂熟于心的地步，才有成功可言。否则会磕磕绊绊、失误连连。而一个会办事的人不仅可以在纷繁复杂的环境中轻松自如地驾驭人生局面，把不可能的事变为可能，达到自己的目的，而且还能遇事逢凶化吉、扭转乾坤，化不利为有利。

会做人是生活的艺术，一个深谙人情世故，懂得做人艺术的女人，能够更好地处理人际关系，使得家庭、职场生活更加顺利和融洽。所以，在女人的一生中，只有懂得并学会艺术地做人，才能从容穿越生活的风雨，迎来七色的彩虹；才能拥有和睦温馨的家庭，在爱的蜜汁中享受人生的快乐；才能避开人生的陷阱，稳健步入生活的繁华。

本书中，我们着重讲述成为一个会说话、会办事、会做人的女人的技巧，让语言化为翅膀，让办事能力作为飞翔的动力，让做人能力变成我们人生的支撑。学会这些，我们就会获得幸福。

总之，会说话、会办事、会做人是女人立足于世的三种重要能力和资本，也是女人成功与快乐的根基。如果女人能意识并做到这一点，那么她就能在生活和工作中显示出自己的魅力，事业上取得骄人的成绩，赢得众人的欢迎和赞美，由此在平淡的生活中尽情地享受幸福的人生。

目录

Contents

上篇 会说话
——颜值时代拼"言值"，好口才尽显女人的魅力和智慧

第一章|
蜜语甜汤，说话的温度决定了女人的高度

第二章|
言谈有度，说话得体的女人最让人喜欢

第三章 |

妙语连珠，说服别人就靠这张嘴

第四章 |

巧用幽默，幽默给女人的魅力锦上添花

中篇 会办事
—— 熟谙办事技巧，让女人轻松应对人生难题

目录 contents

第七章 |

做事到位，赢取个人魅力的原则

第八章 |

少说多听，让倾听为办事增值

第九章 |

快乐工作，做个出类拔萃的职场丽人

下篇　会做人
——做个有度量的女人，人生处处有春风

目录

contents

第十二章│

知足知止，女人之福源于女人知足

第十三章│

七窍玲珑，女人应让自己活得更清醒

第十四章│

春风送暖，有爱心的女人更美丽

——颜值时代拼"言值"，
　　好口才尽显女人的魅力和智慧

德国诗人海涅说："言语之力，大到能够从坟墓里唤醒死人，能够把生者活埋，能够把侏儒变成巨无霸，能够把巨无霸彻底打垮。"女人的谈吐是内涵的镜子，一个女人是否会说话，并不是看这个女人说得多不多，而要看她说得是否有品位、有分量。

第一章

蜜语甜汤，
说话的温度决定了女人的高度

驾驭好语言之车，爱情便能历久弥新

✦

男女之间谈恋爱，关键就在于一个"谈"字。两人谈得投机，说得高兴，就能够走到一个屋檐下过日子。相反，谈得不好，说得不巧，必然会分道扬镳，失了同吃一锅饭的缘分。由此可见，即便是在爱情当中，也是需要好口才的。一个拥有好口才的女人，不仅能够在事业上风生水起，也能够在爱情中春风得意。

冯玉祥将军的夫人李德全便是依靠口才"上位"的。据说，冯玉祥择偶时问前来的姑娘："你为何要与我结婚？"有的姑娘羞答答地说："因为你是个将军，和你结婚之后就成为官太太了。"有的姑娘则满怀钦佩地说："因为你是英雄，我自小崇拜英雄。"对于这些答案，冯玉祥似乎并不满意。后来，皮肤黝黑、长相一般的李德全闯入了他的视线，当问及同样的问题时，李德全答道："上帝害怕你会做坏事，所以派我来监督你。"只这一句看似说笑的话，赢得了冯玉祥的心，结下了百年之好。

因为好口才，李德全赢得了冯玉祥的倾心，获得了令人羡慕的爱情。在日常生活中，也有一些女人，因为说话时不会考虑场合，没办法敏锐捕捉到对方的感受，不懂得在适当的时候说合适的话，说话过于直率，言辞过于生硬，因而导致不良的效果。

金小姐在职场上已经"浮沉"了好些年了，经历过多种多样的人和事的磨炼，为人处事非常老道，但是她的情感经历却磨难重重。金小姐是个直性子，通常不会委婉表达自己的观点。比如，男友将茶水倒在纸篓里，弄得一地水，她会生硬地指责他；男友在屋子里抽烟，她会呵斥而坚决地赶他出去抽。金小姐对待每一份感情都是全身心投入地去经营，可是男人们常常受不了她直来直去的表达，嫌她没有女人味，都相继离开了她。

可见一个女人在面对爱人时如果不注重语言的表达，不但不能让对方感受到女人的柔情与爱意，还会让男性在恋爱的过程中滋生不满情绪，对此，恋爱中的女人要注意控制自己的言辞与表述，说话时要讲究一定的艺术与方法。这里总结了几点经验，供大家参考。

1. 甜言蜜语

请你回想一下，下面举出的言语之中，你对他说过几句？

"我爱你！"

"我毕生只爱你一个人。"

"我能陪在你身旁，就已经很幸福了。"

"对于我来说，你就是一切。"

"你是一个非常了不起的人。"

"我深知你的内心，我无时无刻不在关心你。"

"你是我的小太阳。"

"只要能够与你生活在一起，我就感到心满意足了。"

2. 绕过烦忧

每个人的成长、生活环境都不同，即使是情侣，也经常会出现意见与习惯不一致的时候。这是不可避免的。如果在谈话的过程中出现分歧，双方应该学着互相体谅，以平和的态度解决分歧。如果分歧一时无法解决，也不要强行争辩，应赶快转换话题，谈些让彼此都感到快乐的事情，免得一直围绕着有分歧的话题打转，只会徒增烦恼。

3. 有效的谎言

为了爱情而量身定制的谎言，往往会让你们的谈话收到很好的效果，这种"谎言"好像润滑油一样，是情侣间的调和剂，能够使爱情永葆青春。有效的谎言有很多种，如："上次跟你见面后，我又独自在公园里徘徊到很晚，但是却没有一点儿倦意。我觉得那天的夜色，好美，好静！"这种谎言，是属于那种略带神秘性的谎言。"每次和你约会之前，我总是在衣柜里翻半天，老觉得每件衣服都不好看，真觉得自己有点发神经了……"这种谎言，是一种俏皮、可爱的谎言。其中深层的含义已经流露出来了，为你们的爱情加点蜜糖。

有的女性很会为自己的男友着想，担心对方没有充裕的经济能力，因此，在约会的时候会说："不知道怎么回事，我对出租车有畏惧感""每次坐在高级餐厅或咖啡厅时，我总觉得浑身不自在，感觉那种地方过于庄严，不适合我。相比较而言，我还是更喜欢坐在阳台上欣赏夜色，吃自己煮的面，这样没有拘束感。"若对方真的没有充裕的经济能力，在听到这些话后，一定会为女方的温存体贴而感动。

4. 收放自如

经常会见到有人在吵架吵得不可开交时，信口说道："我非常讨厌你！不想再见你了！跟你在一起简直就是我做的最错误的决定。""如果你这么说，那就分手呀！马上！"这样的话说出口容易，但是要想挽回它所造成的不利局面，就没有那么简单了。所以，吵架时，希望你能冷静，并能把握住自己，做到收放自如。有了争执最好针对问题本身，而不要说些决绝的话语。有时候，吵架反而是增进感情的一种方式。如果能够在吵架结尾时，产生"这不是白费时间的吵架，它让我们更加了解彼此"的感觉，便说明这次争吵是有意义的。

女人温婉体贴的言语，如同一剂良药，能够治愈男人心灵上的创伤；如同一缕清风，能够使男人焦躁的心灵沉静下来。所以，女人如果想要让自己的爱情历久弥新，不妨将以上这些说话的技巧牢记于心。

一句赞美的漂亮话，获得好人缘

威廉·詹姆斯说："人性深处最大的欲望，莫过于是得到外界的认可和赞美。"一句赞美的话，就像魔棒在人心灵上点击而闪出的耀眼火花。一句真心的赞美，胜过任何形式的虚伪吹捧。赞美是一把火炬，在照亮他人的同时，也照亮了自己的心田。适当的赞美，会令人开心地感受到你的友善。此外，如同艺术家在把自己的作品带给别人时感到愉快一样，赞美也会给自己带来极大的愉悦。

赞美，有助于别人发现被赞美者的美德，有助于促进人与人之间友谊的健康发展，有助于消除人与人之间的怨恨。因为每个人都会认为自己很重要，自己做的事大多数都是正确的。光是他们自己感觉到了还不满足，还需要外界对他们的认同。

卡耐基的继母就是一个极为有魅力的女人，当他父亲将卡耐基称为"全郡最坏的男孩时"，他的继母却赞美他是"全郡最聪明最有创造力的男孩"。一句赞美的语言，立即得到了卡耐基的认同。

姜文导演在拍摄时总喜欢赞美自己的演员，尤其是重拍镜头时，他都会先赞美工作人员："拍得非常好，我们再来拍几个稍微夸张一点的镜头。"经过他的这一番赞美，相信没有人反对重拍，也没有人会反对导演的意见。

学会赞美别人吧，尤其是女人。请不要吝啬赞美，赞美是春风，它使人温馨和感激；请不要小看赞美，赞美是火种，它可以点燃他人心中的憧憬与希望。如能时时以饱满的精神、欣赏的眼光、鼓励的话语对待他人，必能起到"润物细无声"的作用。

当然，赞美是一件好事，但并非易事。拙劣的赞美只能算是拍马屁，即使你是真诚的，也很难达到理想中的效果。因此，怎样对别人进行恰到好处的赞美，是一个聪明女性必须掌握的技巧。

1. 赞美要基于事实

赞美的话是人人都喜欢听的，但并非任何赞美都能使人高兴。有的人明明腿短身长，你偏要赞美人家身材比例好；明明长得黑，偏要说人家肤色亮；明明身体虚弱，偏要说人家身体健康，像练过健美操似的……不顾实际、虚情假意的赞美，不仅会让对方感到莫名其妙，而且还会觉得你油嘴滑舌、诡诈虚伪。

只有那些基于事实、发自内心的赞美才能引起对方的好感。真诚地赞美别人，不仅会使被赞美者产生心理上的愉悦，拉近你们之间的关系，还可以使你经常发现他人的优点，从而使自己对人生持有乐观、向上的态度。

2. 赞美要合乎时宜

有诗曰："美酒饮到微醉后，好花看到半开时。"赞美也是如此，要见机行事、适可而止，做到合乎时宜。

有位经验丰富的心理专家举了这样一个例子：当朋友向你诉说他正计划着做一件有意义的事时，你一开头的赞扬能激励他下决心做出成绩，中间的赞扬有益于他再接再厉，结尾的赞扬则是对他努力之后的肯定。

3. 赞美要因人而异

教学要因材施教，而赞美则要因人而异。因为每一个人都有不同的个性，每一个人都有自己独特的专长。

比如，对于女孩子，你就赞美她漂亮。如果不漂亮，你可以赞美她可爱。如果不可爱，你可以赞美她温柔。如果不温柔，你可以赞美她有个性……对于老年人，要多赞美他引以为自豪的过去；对于年轻人，不妨赞美他的创造才能和开拓精神；对于经商的人，可称赞他头脑灵活，生财有道；对于母亲，如果赞美她的孩子聪明可爱，她则会笑得合不拢嘴……这样，因人而异、突出个性、有特点的赞美比一般化的赞美更能收到好的效果。

4. 赞美可随时随地

日常生活中，要想赞美别人，可以随时随地进行。

因此，交往过程中，要善于发现别人哪怕是最微小的长处，并不失时机地予以赞美。如果对方经常感受到你的真挚、亲切和肯定，你们之间的关系就会越来越亲密。而你也能从赞美别人中得到良好的人际关系。

5. 多赞美一些需要你赞美的人

很多人只会赞美那些早已功成名就的人，或自己以后能用得着的人，而不屑于赞美那些被埋没而产生自卑感或身处逆境的人。对于前者，你的赞美是锦上添花，而对于后者，你的一声真诚的赞美、一个赞许的眼神、一个夸奖的手势，等于雪中送炭。通常情况下，雪中送炭要比锦上添花更让人记忆深刻，更能激励人心。

任何一个人的成功道路都不是平坦

的，对那些从小就经历苦难的人来说更是如此。尤其是在他们最困难的时候，在他们感到前途渺茫看不到出路的时候，他们需要的不是同情的眼泪也不是深切的惋惜，而是一句赞赏或鼓励的话语，就有可能会让他们重新树立起信心，去克服困难，去迎接挑战。

　　赞美拥有巨大的魔力和魅力，能够给予人力量，能够获得他人的认同。一个女人，必须学会用赞美来得到别人的欢迎，用赞美的语言去换得别人的真心，赢得别人的尊重，获得你的好人缘。

说话有"礼"，有礼才有好形象

包装精美的产品，必定会第一时间吸引消费者的注意力；形象良好的女人，也自然容易受到别人的关注。但是二者有所不同的是，产品的包装指的是外在，而女人的形象则多数要靠着内在的修养来维系外在的"光环"。

一个外表艳丽的女人，出口脏话连篇，说话不顾及别人的感受，就会让人避之不及；一个外表平平的女人，说话柔风细雨，顾及他人，就会让别人喜欢不已。所谓的"外在光环"，如果失去了"好口才"的支撑，这个光环也必定会减分不少。

小说家亚诺·本奈曾说："日常生活中大部分的摩擦冲突都起因于恼人的声音、语调以及不良的谈吐习惯。"此话说得颇有道理。只要我们仔细观察自己身边的人就会发现，由于不良的谈吐习惯影响到自己的形象，从而影响到事业、家庭的情况实在是太多了。

平常说话时用到的很多口头"敬语"，我们都可以用来表示对人的尊重之意。例如，"请问"有如下说法：借问、敢问、请教、借光、指教、见教、讨教、赐教等；"打扰"有如下词汇：劳驾、劳神、费心、烦劳、麻烦、辛苦、难为、费神、偏劳等委婉的用词。假如我们在语言交际中记得使用这些词汇，相互间定可形成亲切友好的谈话气氛，减少许多摩擦和口角。

和人相见，互道"你好"，这再容易不过。可别小瞧这声问候，它传递了丰富的信息，表示出尊重、亲切和友情，显示你懂礼貌，有教养，有风度。

美国人爱用"请"，说话、写信、打电报都用，如请坐、请讲、请转告，传闻早些时候美国人打电报时，宁可多付电报费，也绝不省掉"请"字，所以，美国电话总局每年从"请"字上就可多收入一千万美元。我们与人相处时，说个"请"字，既不费力，又不花钱，还能显现出自身的素质和修养，何乐不为？

英国人说话少不了"对不起"这几个字，凡是请人帮助办的事，他们开口总说对不起，如"对不起，我要下车了""对不起，请给我一杯水""对不起，占用了您的时间"。英国警察对违规司机就地处理时，先要说声："对不起，先生，您的车速超过规定。"两车相撞，双方都向对方说对不起。在这样的气氛下，双方自尊心同时获得满足，争吵就会相应减少。

相形之下，我们在很多时候就做得不够好，马路上，骑车者碰倒了行人，有的骑车者会先发制人："你怎么不看着点路？"被撞者是受害方，自然不会让步，于是谩骂、厮打的事情发生了。此时，假如骑车人真诚地说声"对不起，您没伤着吧"，被撞者再大度一些，结果会大不相同。

谈吐不仅指言谈的内容，还包括言谈的方式、姿态、表情、速度、声调等。女性文雅的谈吐是学问、修养、聪明、才智的流露，是气质的来源之一。与人交谈，既有思想的交流，又有感情上的沟通，语言的贫乏、枯燥无味、粗俗浅薄都会使人感到厌恶。假如女人的谈吐既有知识、趣味，又能用丰富的表情和优美的声音来表达，那将会收到意想不到的效果。

在与人交流时，女性应该放松心情，保持自己的既有特点，不要矫揉造作。谈吐时的礼仪有以下几点：

1. 嗓音

与人说话时，除了有亲切的语气、得体的言辞、落落大方的态度以外，还要有动听的声音。即使你的谈话内容很平淡，但女性那优美动人的嗓音，对听者来说也是一种享受。

2. 表情

唯有诚挚专一的表情与真诚的态度才能令自己获得他人的信任，进而加深了解，增进彼此的友情。虚情假意、装腔作势、夸夸其谈只会使人厌恶，从而失去与对方交往的机会。当你与人交往时，目光要坦然、亲切、有神，把自己的想法和感受通过点头、微笑、手势、神情、体态等方式积极表达出来，这才是女性应该具有的交际形象。

3. 面带笑容

女性面带笑容与人说话时，会让对方感觉你十分乐意与他（她）交往，这样会使对方感到轻松，从而增进说话的融洽气氛。当然，笑也要掌握分寸，假若不区别时间、地点与对象随便笑的话，就很容易失礼。

4. 控制声音

说话时要尽量保持语调沉稳、亲切，声音不必太高，这样会使对方觉得你待人真诚，也容易收到较好的谈话效果。

5. 要有节制

在社交中，健谈可能表现出你的开朗、诚恳，但是说话过多，可能会让人认为你缺乏自制力、虚伪，令人生厌。女性的沉默有时也是一种交际语言，有助于塑造良好的个人形象。

综上所述，在社交场合，女性如能适当使用优雅的语言来表达思想，才会展现自己的独特个性，吸引他人的目光。即使你相貌平平，也会因此增添光彩。假如你天生丽质，它将使你更加美丽。

言谈友善，更能化解沟通难题

俗语说："赠人玫瑰，手留余香。"做友善的事，说友善的话，对于改变一个人的心念来说，往往比咆哮和猛烈的攻击更奏效。因为在友善的交谈中，你可以发现，任何事情都没有想象的那么难以应对。

我们来看看这则寓言故事：

大风对太阳说："我能够证明我的强大。看到那边穿着大衣的老人了吗？我能够让他脱掉衣服。"

于是，太阳悄悄躲在了云后面，大风呼呼地吹。只是，风吹得越大，老人把衣服裹得越紧。最后，大风放弃了。

随后，太阳出来了。对着老人露出了友善的笑脸。不一会儿的功夫，老人热得满头大汗，最后自己把大衣脱掉了。

太阳告诉风说："温柔、友善，永远比愤怒、暴力更有力。"

生活也是如此。如果遇到一些不和的人，甚至他们对你有些恶意，此时你使用任何威逼的方法都没办法改变他们。但如果我们的态度友善一些，就有可能让这些心怀恶意的人变得温和一点。就好比一句谚语说的那样："一滴蜂蜜比一加仑胆汁更能捕捉到苍蝇。"对于女人来说，要想避开生活中的种种不愉快以及与人相处的矛盾，就要学着用友善的语言和他人打交道，这会使你省去很多的麻烦和烦恼。

温和、友善的态度更能让人改变心意。亲和的态度，容易消减人与人之间的隔膜。

玫琳·凯公司是一家知名的化妆品公司。为了扩大自己公司产品的影响力，玫琳·凯女士用的化妆品都是自己公司生产的。她也不建议公司职员使用其他公司的化妆品。因为她不能理解凯迪拉克轿车的推销员开着福特轿车四处游说、人寿保险公司的经理自己不购买保险。那么，她是怎样同职员交流这一想法的呢？

有一次，她发现一位经理正在使用另外一家公司生产的粉盒及唇膏。她借机走到那位经理桌旁，微笑地说道："上帝，你在干吗？你不会是在公司里使用其他公司的产品吧？"她的口气十分轻松，脸上洋溢着微笑。那位经理的脸微微地红了。几天后，玫琳·凯送给那位经理一套自己公司生产的口红和眼影膏，并对她说："如果在使用过程中觉得有什么不适，欢迎你及时地告诉我。先谢谢你了。"再后来，公司所有的新老员工都有了一整套本公司生产的适合自己的化妆品和护肤品。玫琳·凯女士亲自做了详细的示范。她还告诉员工，员工购买公司的化妆品时可以打折。

玫琳·凯亲和的态度，友善的口语表达，使她自然地与员工打成一片，成功地灌输了她正确的经营理念。

友善就是这样，它是人们说话时的一种最有效的态度。这种方式的优点是益于消减人与人之间的隔膜，进而使传达者有效地把自己的思想传递给被传达者。

显而易见，友善的表达方式让女人更加有魅力，更能够得到他人的认同和欢迎。

谦逊儒雅，给人留下好印象

谦逊，就是不自大、不傲慢；儒雅，即温文尔雅也。这展现出一个人出众的气质和待人接物的良好态度。谦逊儒雅的言谈能飘溢出浓浓可敬的气息。

在人际交往和求人办事的过程中，没有谁会喜欢那些自傲自大的人，而那些言谈举止谦逊儒雅的人则会给人留下很好的印象，如果是求人办事，这样的人自然会一帆风顺"改为"更容易办成事，也更容易获得成功的人生。

女人在这方面更要注意，不要光顾着打理自己的外在美，你的一言一行所体现的修养和素质更能代表你的形象和能力。所以养成谦逊儒雅的言谈之风是一个追求进步的女人的必修课。

那么，具体来讲，应该怎样在这方面提高自己呢？

1."礼多人不怪"，一定要注意自己的礼貌用语

（1）经常使用日常生活中的见面语、感情语、致歉语、告别语、招呼语。早晨见面互问"早上好"，平时见面互问"您好"；初次见面认识，可说"您好""很高兴和你认识"，分别时说"再见""请再来""欢迎您下次再来"；特定情况的告别可用"祝您晚安""祝您健康""祝您一路顺风"；有求于人说声"请""麻烦您""劳驾""请问""请帮助"；

对方向你道谢或道歉时要说"别客气""不用谢""没什么""请不要放在心上"。

（2）养成对人用敬语、对己用谦语的习惯。一般称呼对方用"您"，对长者用"大爷""大妈""先生"，对少年儿童用"小朋友""小同学"，称呼别人的量词用"位、各位、诸位"，不要用"个"。对自己或自己一方的人可以用"个"。例如：对方问"几位？"自己答"×个人。"

（3）多用商量语气和祈求语气，少用命令语气。如"您请坐""希望您一定来"等，这样用语和气、文雅、谦逊，让人乐于接受。

（4）说话要考虑语言环境，即考虑不同场合、不同情况、谈话人的不同身份，谈什么事情，需要用什么语气。如商业工作者出于工作和礼貌需要，见矮胖型的女顾客应说"长得丰满"，见瘦长体型的女顾客应说"长得苗条"。其实"丰满"和"苗条"是"肥胖"和"瘦长"的婉转说法，但前者易为别人接受。其次，要考虑不同的对象。在我国，人们相见习惯说"你吃饭了吗？""你到哪里去？"有些国家不用这些话，甚至习惯地认为这样说不礼貌。因此见了外国人就不适宜用上述话语，可改用"早安""晚安""你好""身体好吗""最近如何"等。

（5）注意说话的空间和时间。谈话人的身份各异，如果是长者、上级、长辈，谈话的距离太近和太远都是失礼的。男女之间谈话，距离则不宜太近。

总之，要根据时间、地点、对方的身份（年龄、性别、职业等）以及和自己的关系，多说并恰当地选择人情话和礼貌用语。该说好话时就要说，甚至适当多说一些也无妨，没有人因为听到好话而产生反感。要想在人际交往中处处受欢迎，就要适时地用语言表现出自己的礼貌与修养。

2. 切忌一上来就自傲自大、自吹自擂

有些人总喜欢胡乱地吹嘘自己。这种人的口才或许真的很好，但只

会令人厌恶。这样的人并非是直率，就连一件简单的事他都要咬文嚼字地卖弄一番，看起来好像是很精于大道理的样子，说穿了只是由于强烈的自我表现欲所产生的虚荣心在作祟。

发表言论时，必须先充实实际内容，再以简单而贴切的词汇表达出来。若不具有这种功力，就无法以简单明了的词汇来表现实力，这其实远比稍具难度的辩论更困难。

有些人乍看之下很平凡且没有可贵之处。但经过认真的交谈之后，就能够很直接地被其内心的思想所感染，而这类人所使用的词汇往往最简单明了。

朋友关系必须建立在真诚之上，花哨不实的言论只适合逢场作戏，朋友是靠互相感动、吸引，而不是硬性地逼迫对方接受自己的意见。卖弄一些偏僻冷门的词汇，来表现自己高人一等。在对方看来，只会觉得和你格格不入而无法接受你的看法。

朋友必须是彼此真心真意地了解，并以建立一种"心有灵犀一点通"的沟通方式为目的，彼此要在交往中培养相知相惜的情谊。

3. 对于某些自己不明白或似是而非的事情不要不懂装懂

社会上一知半解的人一多，就容易流行一股装腔作势之风。如果凡事都一无所知，心里容易产生唯恐落于人后的紧迫感，这也是人们常见的心态。在绝不服输或"输人不输阵"的好胜心作祟下，随时都想找机会扳回面子。

某杂志社的社长王女士，不管是在什么场合她总喜欢装腔作势，故意降低自己的声调来表现庄重的样子。不但如此，她还总是一副无所不知的样子，这种姿态让人觉得她好像在做自我宣传。

然而不论她再怎么装腔作势，夹着再多的暗示性话语或英语来发表高见，还是得不到他人的认同。

而这位女士所出版的刊物，总是被人批评为现学现卖、肤浅的杂学之流，这是因为她对任何事都喜欢评断。当她一开口说话，旁边的人就说："天哪！又要开始了。"然后便咬着牙，万分痛苦地忍着。

这和说大话、吹牛并无不同。自己本来没有高人一等的智慧，却装出一副什么都知道的样子，虚张声势，不讨人喜欢。

在朋友关系中最令人敬而远之的，就是这种一点也不可爱的女人。承认自己也有不知道的事并不丢人，为了要自抬身价而不懂装懂，一旦被对方看穿，反而会令对方产生不信任从而不愿与你交往。

"闻道有先后，术业有专攻"，每个人都有自己的专长，不可能每件事都很精通。

愈是爱表现的人，愈是无法精通每件事。交朋友应该是互相的取长补短，别人比自己精专的地方就不耻下问，即使是自己很精专的事，也要以很谦虚的态度来展现实力，这样别人才愿意倾听、接受你的意见。

所谓很谦虚的态度，是指对于自己精专的事物，不是说不能表示自己的意见，而是说话技巧要高明一些。

现代社会可以说是一个高度复杂的信息时代，每个人所吸收的知识都不可能包含万事万物。若不以虚心的态度与人交往，就不能够受到大家的欢迎；凡事都自以为是的人，必然得不到大家的尊敬。

俗语说：骄傲使人落后，谦虚使人进步。你不仅要记住它，更要深深地理解它的含义，并把它当做自己言行的指导思想。唯有如此，你才能真正养成谦逊儒雅的言谈之风，让所有的人都无法拒绝你。

第二章

言谈有度，
说话得体的女人最让人喜欢

说话因人而异，才能同声相应

　　生活中经常会出现这样的情况：同样一句话，你对甲说，甲肯全神贯注地听；你对乙说，乙却顾左右而言他，说明甲乙两个人对你的同一句话产生了不同的感受。这种差异可能是由他们不同的生活背景和性格特征所造成的。此外，还会出现一句同样的话，在不同时候对同一个人说，他有时乐于接受，有时却不乐意接受的情况，这说明同一个人在心情不同的情况下，对待同样的话反应也是不同的。

　　所以，说话时要注意，对不同的人应采用不同的说话技巧，懂得什么时候说什么样的话最适宜。

　　耶鲁大学教授威廉·费尔普在《论人性》中讲过这么一个故事：

　　他八岁时去姨妈家做客。当天晚上有一个中年人前来访问，和姨妈寒暄一阵后，便将注意力放在了小威廉身上。那个时候，威廉非常喜欢帆船，这个中年人便和他兴致勃勃地聊起了帆船。聊天的过程非常愉快，威廉很是兴奋，中年人走后，他很高兴地告诉姨妈，希望这个人明天还会来。可姨妈直接回答："他是一名专业律师，对帆船可没什么兴趣。"威廉有些奇怪：既然没兴趣，为什么还能和他聊得如此高兴呢？

　　姨妈说："因为你喜欢帆船，所以他便聊一些你喜欢的事情，这也是为了让自己受欢迎。"

显而易见，故事中的律师就是一个"看人说话"的代表，虽然他自身对帆船不感兴趣，但为了得到小威廉的好感，便聊起了小威廉喜欢的事情。"因人而异"的谈话方式对女人来说也异常重要。你有得意的事，就该与得意的人谈；你有失意的事，应该和失意的人谈。和失意人谈得意的事，你不但不知趣，而且简直是在间接挖苦、讥讽他，他对你的感觉，只会更坏，而不会变好；和得意人谈失意的事，他至多与你作表面的应付，绝不会表示真实的同情。所以你要诉苦，应找同情形的人去倾诉，同病才会相怜，这样不但能得到精神上的安慰，亦可稍抒胸中不平之气。有些女人的涵养不够，稍有得意的事，便逢人就说且自鸣得意，结果招人说她器小易盈，笑她沾沾自喜，无意中还会惹起别人的妒忌；若偶有不如意则变得满腹牢骚，如有骨鲠在喉，逢人就说，结果惹人厌烦，说她毫无耐性，甚至笑她活该。

　　对方正在紧张工作的时候；对方正在焦急的时候；对方正在盛怒的时候；对方正在放浪形骸的时候；对方正在悲伤的时候……这几种情形，都不是说话的好时机，否则一定会碰一鼻子灰，不但达不到说话的目的，还会遭到冷遇。

　　那么，怎样才能恰到好处地掌握因人而异的说话技巧呢？

　　（1）应先了解对方的一些经历、生活状况和思维方式，也要特别了解他的生活愿望、生活观点。

　　（2）必须注意对方的心境特征。如果在交谈当中，不顾对方的心理变化，而一味地将想法统统搬出来，那么，你是得不到他的认同的。一厢情愿的谈话往往会让对方厌恶。

　　（3）在语言交流中讲究讳饰，必须考虑到对方的反应。如生活中对跛脚老人，应说"您老腿脚不利索"；对耳聋的人，应说"耳背"；对妇女怀孕说"有喜"。即"矮子面前莫说矮"，应做到"哪壶不开就别提

哪壶"。

（4）用曲折含蓄的语言和商洽的语气来表达自己的看法。

素有"台湾第一美女"之称的林志玲除了有着美貌的外表之外，更吸引人的则是她由内而外散发的优雅气质和睿智的谈吐。在被指责为"花瓶"这一问题上，林志玲总是用具有内涵的话语回应："很好啊，这也是一种肯定方式，我会把它看做赞美。"或者答复，"花瓶这个问题，从我出道就一直被大家说，但我会努力让大家不要对我打这个问号。"

（5）掌握因人而异的说话技巧，很重要的一点就是，根据不同的人要用不同的措辞。这也是语言的技巧问题。

有关措辞的使用，对上级或不太亲近的人，要用敬语，对小孩就用对待小孩的语言。

也就是说，如果对任何一种人都用同样的措辞，同样的口气说话，人家岂不会认为你这个人有毛病？比如你在使用过于客套的话时，对方会说"竟然提到那样的事，这还算是朋友吗？"或是"千万别说那种见外的话，我们交往了多年，应该说是好朋友了。"这就是你的措辞不当造成的。

因此，正确的措辞和表达方式，是依靠彼此心理的亲疏而定的。不管何时，如果对任何人都以同样的方式进行交谈，总有地方会产生矛盾，重要的是在交谈前就要看清楚。

是否能正确地衡量他人与自己的关系，这是个人的素养，也是为什么有素养的人说起话来总让人感到如沐春风的关键所在。

做个淑女，谈吐优雅更动人

❀

一般情况下，对于一个初次见面的人，人们大多习惯从他的言谈中去了解他是一个什么样的人。一个女人，要想给人留下美好而又深刻的第一印象，就很有必要掌握淑女式的言谈技巧，毕竟，"淑女"可以说是做女人的一种很高的境界，这种境界没有几个男人可以拒绝。

淑女动人的谈吐主要体现在温柔的声音上。温柔的声音是最美妙、最动听的。俗话说："有理不在声高。"这也从侧面说明了大嗓门往往不被人喜欢。

有感情、有柔情的声音是美的。声音的力量和音调的大小成反比。在现实生活中，经常会碰到许多吵吵闹闹的场合，管理人员越是大声，吵闹声非但不会停止，甚至会越来越大。学校里的老师在控制吵闹场面时，大多选用的是沉默的方式。当老师沉默不语时，吵嚷的场面不久就会安静下来。女人低而柔的声音具有无限的魅力，有时候，人往往会因为对方的声音而喜欢上一个人。所以，女人要想增加淑女风范，提升自己的魅力，就不妨在声音上下下功夫，努力让自己的声音低而柔美起来。

淑女优雅的谈吐，还主要表现在用语礼貌、文明上，这可以让别人感受到你是一个文明的、有教养的女人。如果你的话语中透着真诚、亲

25

切，再沙哑的声音也会变得悦耳。

一个女人如果只知道化妆打扮，而不懂得如何让自己的谈吐得体优雅，就难免落个徒有其表、令人讨厌的下场。有些女人衣着很漂亮，长得也很靓丽，可是说起话来乏味、粗俗甚至夹杂着脏话，这样的女人永远与淑女无缘。

林志玲是中国台湾艺人，她说话得体、举止优雅，一度被人们赞为"高情商女神"。

因为一些媒体的误传，影视圈曾经有过"孙红雷不屑与林志玲演戏"的传闻。后来，在《决战刹马镇》的开机发布会上，传闻中的两大主角齐齐亮相，自然有记者不放过这个机会，问起了传闻许久的"不和"事情。林志玲随即慢悠悠地说道："这句话肯定是别人放到红雷大哥嘴里的，今天我们坐到一起就是最好的证明。"一句话，轻松化解了谣言，赢得满堂彩。她优雅机智的回答让台下的记者都为之叫好。

还有一次，梁朝伟和林志玲合作电影《赤壁》，当媒体质疑她和梁朝伟的身高不够般配时，林志玲很是机智地说道："在我心中男人的气度永远是胜于高度的。"林志玲的说话之道很得人心，这也让她拥有了很多圈里的好朋友。

优雅的谈吐就像是醇酒，芳香四溢、沁人心脾。优雅的谈吐需要女人说话时语气亲切，言辞得体，态度落落大方。淑女和人交谈时，既有思想上的交流，又有感情上的沟通。任何语言贫乏、枯燥无味、粗俗浅薄，都会使他人感到厌恶。如果女人的谈吐既富有知识、趣味，又不失幽默，并能用丰富的表情和柔美的声音来表达自己的谈话内容，那将会令倾听者为之倾倒。

淑女的谈吐要真正做到优雅动人，必须要铭记与人谈话的十忌和交谈中的四个避讳。

1. 与人谈话的十忌

（1）打断他人的谈话或抢接别人的话头。

（2）说出对方一时难以领会的话。

（3）注意力分散，使别人再次重复谈过的话题。

（4）连续发问，让人觉得你过分热心和要求太高，以致难以应付。

（5）对待他人的提问漫不经心，使人感到你忽略和轻视对方。

（6）随便解释某种现象，轻率地下断言，借以表现自己是内行。

（7）避实就虚，含而不露，让人迷惑不解。

（8）不适当地强调某些与主题风马牛不相及的细枝末节，使人厌倦，令人感到窘迫。

（9）当别人对某话题兴趣不减之时，你却感到不耐烦，立即将话题转移到自己感兴趣的方面去。

（10）将正确的观点、中肯的劝告佯称为是错误的和不适当的，使对方怀疑你的诚意。

2. 交谈中的避讳

世间没有十全十美的人。凡人皆有长处，也难免有短处。人总是有自尊心的，往往不愿别人触及自己的某些缺点、隐私、不愉快的事等。因此，在人际关系中，淑女须讲求避讳。当谈话涉及一些敏感的、特殊的事情时，应多为对方着想。

（1）生理上的缺陷。说话时都要避开别人的生理缺陷，不得已时采取间接表达的方式。如对跛脚人应客气地说："您腿不方便，请先坐下。"

（2）家庭不幸。像亲属死亡、夫妻离异等。如果不是别人主动提及，不宜唐突说起。

（3）人事的短处。在为人处世方面的短处、不体面的经历和现状，

这些都是不希望他人触及的敏感点。

（4）入乡随俗。"入境而问禁，入国而问俗，入门而问讳"。这对于社交成败至关重要。

跟别人说话，注意避讳，其实是理解别人、尊重别人，是女人讲文明、有修养的表现。总之，淑女式优雅动人的谈吐，会有助于社交，有助于体现女性的美，会为她平添几分姿色。

找到对方感兴趣的话题，越谈就会越热乎

俗话说："酒逢知己千杯少，话不投机半句多。"说话办事也是如此，要开动脑筋，注意观察，迅速找到对方感兴趣的话题，以此作为一种契机，与他们进行和谐投机的谈话。

有一位女记者去采访一位科学家，到了科学家那儿，女记者看到墙上挂着几张风景照，于是就谈起了构图、色调，原来这位科学家爱好摄影，他兴致勃勃地拿出了他的相册，谈话气氛非常融洽。正是由于这种气氛，使后面的正题采访进行得非常顺利。

还有一位女记者，她去采访一位女教师，临行前有人跟她说这位女教师性格很偏，说不好三言两语就把人打发了。这位女记者到学校去找女教师时，她正在跟传达室的人发脾气。女记者一听她说话的口音是浙江人，心里暗暗高兴，因为她也是浙江人。后来，她们的交谈就从家乡谈起，越谈越热乎，那些题外话也为正题做了很好的铺垫。

有经验的记者能通过观察和分析谈话对象，迅速地找到一个可以引起双方话题的共同点，打破不知从何谈起的冷落场面。

其实，与人交谈的过程也是这样。在交谈中要学会没话找话。所谓"找话"就是"找话题"。写文章，有个好题目，往往会文思泉涌，一挥而就；交谈，有了好话题，就能使谈话融洽自如。好话题，是初步交谈

的媒介、深入细谈的基础、纵情畅谈的开端。好话题的标准是：至少有一方熟悉，能谈；大家感兴趣，爱谈；有展开探讨的余地，好谈。

那么，怎样才能找到对方感兴趣的话题呢？下面教你几招这方面的谈话策略。

1. 中心开花

当你面对众多的陌生人，要选择众人关心的事件为话题，把话题对准大众的兴奋中心。这类话题必须是大家想谈、爱谈、又能谈的，人人有话，自然能引起许多人的议论和发言，达到"语花"飞溅的良好效果。

2. 借兴引入

巧妙地借用此时、此地、此人的某些材料为话题，借此引发交谈。有人善于从对方的姓名、籍贯、年龄、服饰、居室等，即兴引出话题，常常会取得好的效果。"即兴引入"法的优点是灵活自然、就地取材，其关键是要思维敏捷，能作由此及彼的联想。

3. 投石问路

向河中投块石子，探明水的深浅再前进，就能有把握地过河。与陌生人交谈，先提一些"投石"式的问题，在略有了解后再有目的地交谈，便能谈得更为自如。如在聚会时见到陌生的邻座，便可先"投石"询问："你和主人是老乡呢，还是老同学？"无论问话的前半句对，还是后半句对，都可循着对的一方面交谈下去；如果问得都不对，对方回答说是"老同事"，那同样也可谈下去了。

4. 由兴趣入题

问明陌生人的兴趣，由兴趣开始发问，就能顺利地进入话题。如对方喜爱象棋，便可以此为话题，谈论有关象棋方面的知识，车、马、炮的运用等。如果你对下棋略通一二，那肯定谈得投机。如你对下棋不太了解，那也正是个学习机会，可静心倾听，适时提问，借此大开眼界。

引发话题的方法很多，诸如"借事生题"法、"即景出题"法、"由情入题"法等。可巧妙地从某事、某景、某种情感引发一番议论。引发话题，类似"抽线头""插路标"，重点在引，目的在导出对方的话茬儿。

5. 拉近距离

求陌生人办事时，力求在短时间内了解得多些，以拉近彼此的距离，力求在感情上融洽起来。孔子说："道不同，不相与谋。"志同道合，才能谈得拢。我国多有"一见如故"的美谈。陌生人要能谈得投机，要在"故"字上做文章，变"生"为"故"。也有不少方法：

（1）适时切入。看准情势，不放过应当说话的机会，适时插入交谈，适时地"自我表现"，能让对方充分了解自己。

交谈是双方的活动，只了解对方，不让对方了解自己，同样难以深谈。陌生人如能从你"入"式的谈话中获取教益，双方会更亲近。适时切入，能把你的知识主动有效地献给对方，实际上符合"互补"原则，奠定了"情投意合"的基础。

（2）借用媒介。寻找自己与陌生人之间的媒介物，以此找出共同语言，拉近双方距离。如见一位陌生人手里拿着一件什么东西，可问："这是什

么？……看来你在这方面一定是个行家。正巧我有个问题想向你请教。"对别人的一切显出浓厚兴趣，通过媒介物引发他们表露自我，交谈也会顺利进行。

主持人杨澜在访问歌手汪峰时，是这样开题的：汪峰，最近我的嗓子和你一样，近乎沙哑……这句话并不违和，杨澜一句话把她和汪峰之间的一点点共性挖掘出来，不仅让汪峰感到了亲切，也侧面表达出了杨澜对汪峰的关心，很快便拉近了二者的心理距离，有利于访谈的顺利进行。

（3）留有余地。留些空缺让对方接口，使对方感到双方的心是相通的，交谈是和谐的，进而拉近距离。因此，和陌生人交谈时，千万不要把话讲完，而应是虚怀若谷，欢迎探讨。

总之，在办事的时候，我们难免会遇到一些困难，要想顺利解决事情，就应该善于寻找对方感兴趣的话题，打破僵局。

掌握通话技巧，让声音传递你的善意

电话沟通是当代生活必不可少的一部分，而且打电话、接电话都有许多讲究，因此，掌握电话礼仪显得尤为重要。

在打电话时，由于你的姿态、笑容、动作、表情对方完全看不见。因此，你的善意、亲切、好感完全依靠你的语言和声音来表达。

在平时，你的声调不大好，你的语言不大讲究，别人还可以看见你的态度举止和你的面目表情。但在电话里，一切都只有声音，全靠声音表达。所以，女人必须小心地控制你的声调，让你的声调能够温和地、亲切地、悦耳地传达出你的友谊，同时，你的口齿也要清晰地传达出你谈话的内容。

请注意，你的口要正对着话筒，你的口唇要离开话筒大约半寸，音量不要太大或太小，咬字要清楚，说话速度要比平时速度略微缓慢，必要时把重要的话重复两次。提到时间、地点、数字时，一定要交代得非常清楚仔细。

有时候，接电话的人并不是你直接要找的人，你也要用非常友好的、礼貌的态度来对待。他们也许是你朋友的朋友，也许是你朋友的父母、姐妹、同事、助手……即使是朋友家的佣人或公司同事、话务员，你也不应该怠慢，因为他们都是你电话中应该结交的朋友。不管是陌生

人还是你熟悉的人，你都必须以礼相待。由此可见，你必须具备一定电话沟通基本常识和礼节。

1. 首先通报自己的姓名、身份

如果给父母、朋友以外的人打电话，最好要先告知对方自己是谁以及打电话的大概意图，应询问对方是否方便，在对方方便的情况下再开始交谈。电话用语应文明、礼貌，电话内容要简明、扼要。

2. 择时通话

选择通话时间非常重要，打电话要讲内外有别，和父母打电话，随时打都没有关系。和外人要注意，不要影响对方的个人空间。一般来讲，周末、假日、晚上八点以后、早上七点之前，不要因为公事把电话打到家里去，骚扰对方。同样道理，在给海外人士通话时，要避免时差的问题，如果白天十点钟给在美国的人打电话，没准对方刚睡，比较不合适。

3. 打电话还要注意 3 分钟原则

通话时间要简短，尤其是对于商务电话来说，打电话要遵循通话 3 分钟原则，就是要长话短说、废话不说、主次分明。拨错电话要及时道歉。

4. 通话完毕时应道"再见"，然后轻轻放下电话

电话交谈完毕后，为了礼貌，要及时给对方道一声"再见"，并等别人挂断电话后，自己再轻轻放下电话，以表示对对方的尊重。

总之，女人在接打电话时，一定要注意自己的声音礼仪，用语文明礼貌，声调柔和，这样能够给对方留下好感，有助于你的沟通。

谈吐真诚得体，恭维恰到好处

不管是在公共场所，还是私人聚会时，只要与人交往，你的语言就会给人留下深刻的印象。可以说，女人人际关系成功与否，很大程度上都取决于她在交往中的谈吐是否真诚得体。

女人在交谈过程中要适当掌握些交谈的技巧，适度的技巧可以使交谈更加轻松活泼。谈话是语言、表情、手势等各方面都参与交流的过程，这些方面能够有效地修饰、表现谈话的内容，会使女人表现得更有礼貌、更具风度。

在运用交谈技巧的时候，要分外注意以下两点：

1. 不要用把握不准的词句

一家大企业的来年工作计划决策会议上，中层管理者李小姐引起了高层的注意。她举止端庄、措辞得当，尤其是她的几点"补充建议"更是令到会者心悦诚服，大家给她报以热烈的掌声。她谦恭地说："抛砖引玉之谈，谢谢大家厚爱。不过最后几点建议确实有一定的可行性，尤其是其中关于……我觉得这同三十六计中的'掩耳盗铃'之计有异曲同工之妙……"

瞬时，会场死一般地沉默，接着传出几声窃笑。决策者的脸上露出失望，很显然，李小姐的"掩耳盗铃"四个字完全用错了地方！掩耳盗铃本不是三十六计里的内容，她"冒险"使用，当然会令别人觉得她浅

薄无知。

一般来说，使用把握不准的词句是一种"冒险"，侥幸碰对了，当然好得很；若用错地方，则会贻笑大方。

其实，汉语文化浩如烟海，汉语中有太多的词句可供选择，实在没有必要冒险使用自己拿不准的词句。如果实在喜欢某句话，不妨回家查阅辞典，确实理解了再用也不迟。对那些似懂非懂、似是而非的词句，千万不要随便在社交场合"抛出"，弄不好，会让人当成笑柄。

2. 学会恭维的方法

女人在与人的交谈中，适当的恭维与赞美是十分必要的，因为适当的恭维可令对方万分喜悦，对谈话起到润滑的作用。

女人说恭维话，最根本的一点是要真诚。真诚而恰到好处的恭维，一定可以打动对方的心。若是毫无诚意地胡乱恭维，则只会令人尴尬和反感。

如对一位人见人迷的美女，你除了赞美她的容貌外，不妨着重赞美她的其他优点，比如聪明、活泼、温柔等。因为她很可能对于"美如春花""漂亮无比"之类的套话听得厌倦了。而对于一位相貌平平的女人来说，若你说她"太美丽了""真漂亮"则很可能引起她的不快，因为每个人对自己的长相都是心里有数的。不美，你硬要说成美，怎不令人反感呢？

对此，要求女人在恭维他人时要把握"尺度"，在切合实际的情况下小小地夸张一些，无妨；若是天花乱坠，硬要将一个花甲老人说成"矫健青年"，又或者将一个工作平平者说成"业绩突出"，那所引起的，只能是相反的效果。

朋友帮你做了件小事，你可以说："成人之美，谢谢了！"这种恭维她会照单全收；但你若夸张地说："您对我恩同再造，我铭感五内，永世不忘。"势必会产生讥讽之嫌。

因此，恭维要适可而止、恰到好处。多用、滥用只会令其流于形式、流于虚伪。

第三章

妙语连珠，
说服别人就靠这张嘴

• • •

言之有物，说服不是难题

❁

　　所谓说服，就是指用理由充分的话使对方信服。想要让自己的话具有说服力，说话者需要运用一定的谈话技巧。这种技巧包含有多种内容，其中言语中肯就是很关键的一条。古语讲"至诚足以感人"，如果一个人所说的话语中肯，则势必会令听众感到信服。

　　1915 年，科罗拉多州煤铁公司的矿工为了要求改善待遇而罢工，后因公司方面处置不善，使这次罢工演变成了流血的惨剧，劳资双方各自走向了极端。这次罢工，持续了两年之久，成为美国工业史上一次有名的大罢工。那时管理矿务的人，就是美国石油大王洛克菲勒的儿子。这位小洛克菲勒最初使用高压手段，请出军队来镇压，闹成了流血惨剧，他这种做法不仅没有解决问题，反而使罢工的时间延长下去，使他的财产受到了更大的损失。后来，他改变方法，用了柔和的手段，把罢工的事情暂时搁置不谈，特地与工人为友，到各个工人的家中去慰问，使两方面的情感慢慢地好转起来。此后，他叫工人们组织代表团，以便和资方洽商和解。他看出了工人们已经对他稍稍释去了敌意，于是，便对罢工运动的代表们作了一次十分中肯的演说。这一次演说，竟把两年来的罢工风潮完全解决了。

　　他在那次演讲中说："在我有生之年，今天恐怕要算是一个最值得纪念的日子。我十分荣幸，因为我能够和诸位认识，如果我们今天的聚会是在两个星期之前，那么，我站在这里就会是一个陌生人了；因为我对于诸位的面孔还不太认识。我有机会到南煤区的各个帐篷里看了一遍，和诸位代表都作了一次私人的个别谈话；我看过了诸位的家庭，会见了诸位的妻儿老幼，大家对我都十分客气，完全把我看做自己人一般。所以，今天我们在这里相见，已经不是陌生人而是朋友了。现在，我们不妨本着相互的友谊，来共同讨论一下我们大家的利益，这是使人感到十分高兴的。参加这个会的是厂方的职员和工人代表，现在蒙诸位的厚爱，我才能在这里和诸位相见并努力消除一切矛盾，彼此成为好友，这种伟大的友谊，我是终身不会忘掉的。我们大家的事业和前途，从此变得无限光明。对我个人而言，今天虽然是代表公司方面的董事会，可是，我和诸位并不站在对立的地位，我觉得我们大家都是有着密切的关系和友谊的。与我们彼此有关的生活问题，现在我很愿意提出来和大家讨论一下，让我们一起从长计议，获得一个双方都能兼顾到的圆满的解决办法，因为，这是对大家有利的事……"

小洛克菲勒的讲话，虽没有华丽的辞藻，但话语中肯，引起了矿工们强烈的共鸣，一下使自己脱离了困境。

说话除了话语中肯之外，还要言之有物，两者相辅相成，才能达到预期的效果。

《周易·家人》："君子以言有物，而行有恒。"人们在日常生活中都会遇到这样的情况，不管是听别人做讲座，听领导作报告，还是和周围的人聊天，都会碰到言之无物、空洞乏味的时候，上面讲得很热闹，下面听众却觉得困顿乏味，嫌内容假、大、空，虚无缥缈，不知所云。听众最怕听到言之无物、不知所云的演讲。

为什么会出现言之无物的情况呢？究其根本，问题在于谈话者、演

讲者没有很好地理解自己的演讲内容。自己都不明白为什么要说话，怎么能期待给听众一个内容充实、言之有物的演讲呢？要解决这个问题其实并不困难，简单地说就是要很充分地精心准备自己的演讲内容，在演讲、讲话之前比较透彻地理解问题。

有一天，林肯律师事务所来了一位行走蹒跚的年老寡妇，她是一位阵亡士兵的妻室。她向林肯泣诉，说她应该领取的四百元的抚恤金，被一位发放抚恤金的官吏，强行索去二百元的手续费。这件事让林肯听了勃然大怒，立刻为她向法庭对那位官吏提起诉讼。

开庭的时候，林肯用愤怒的目光看着被告，他所说的话，差不多每个字都是十分的中肯且言之有物，那种严正的态度、热烈的情感，几乎使他跳起来剥掉那位被告的皮："时间一直向前迈进，在1776年的英雄，已经成为过去了，他们被安置在另一个世界了。但是，那位英雄，已经长眠地下，他的年老衰颓而且又跛的遗孀，此刻来到我们的面前，请求替她申冤。在过去，她也是体态轻盈、声音曼妙的美丽少女，现在她贫无所依了，没有办法，只好来向正在享受着革命先烈所争取到的自由的我们，请求同情的帮助和人道的保护。我现在所要问的是，我们是不是应该援助她？"

当林肯这样一段中肯的话说完后，有人已感慨得流下眼泪，大家一致认为那老妇人的抚恤金是分文不能少给的。法庭最后分文不少地追回了士兵遗孀的抚恤金，严肃审判了那个官吏。

从上述例子可以看出，说话中肯、言之有物，是最富有感染力的，它能获得听者的共鸣，因而也是最具说服力的。

当然，言之有物并不是一时就可以学成的，只有不断地学习、练习才能够让你一开口就能够吸引人，一说话就能够让人倾倒和佩服。

第三章　妙语连珠，说服别人就靠这张嘴

迂回之术，更让人乐于接受

　　我们每个人都有自己的一系列的观点与看法，它支撑着我们的自信，是我们思考的结果。无论是谁，遭到别人直言不讳的反对，尤其是当受到激烈言辞的迎头痛击时，都会产生敌意，导致不快、反感、厌恶乃至愤怒和仇恨。

　　迂回地表达你的建议，可避免直接的冲撞，减少摩擦，使人们更愿意考虑你的观点，而不被情绪所左右。这样，他们才有可能接受你的建议。

　　自然，对于很多女性来说，由于历事颇多，久经世故，是能够临危而不乱、沉得住气的，一般不会做出言辞过激的反应。但是，在生活中容易受情绪左右，容易意气用事的女人也不乏存在，这些女人在较为复杂的事态面前，往往缺乏冷静，急躁而不能控制自己，常常强词直言，不知迂回，既使别人尴尬，也使自己被动，这对说服而言，是有弊而无利的。

　　过于直接地提出某些建议，会使他人自尊心受损，大跌脸面。因为这种方式使得问题与问题、人与人面对面地站到了一起，除了正视彼此以外，已没有任何回旋的余地，而且，这种方式是最容易形成心理上的不安全感和对立情绪的。你的反对性意见犹如兵临城下，直指上级的观点或方案，怎么会使他人不感到难堪呢？尤其是在众人面前，面对这种已形成挑战之势的意见，已是别无选择，他只有痛击你，把你打败，才能维护自己的尊严与权威，而问题的合理性与否，早就被抛至九霄云外了，谁还有暇去追究、探索其中的道理呢？

其实，我们会发现，通过间接的途径表达自己的意见反而更容易被人接受，这大概就是古人所讲的以迂为直的奥妙所在吧！

原因其实很简单，间接的方法很容易使你摆脱其中的各种利害关系，淡化矛盾或转移焦点，从而减少他人对你的敌意。在心绪正常的情况下，理智占了上风，他自然会认真地考虑你的意见，不至于先入为主地将你的意见一棒子打死。

英国思想家培根曾说过：“交谈时的含蓄和得体，比口若悬河更可贵。”这也鲜明地道出了说话委婉与迂回的重要所在。每个人都有自尊心，有些问题不必采用直接的方式，相反，采用间接的方法来指出问题，有时效果反而会更好。

通过迂回的办法去表达自己的意见，并力求使他人改变主张，可谓是十分奏效的方法。你无须有过多的言辞，无须撕破脸面，更无须牺牲自己，就可以说服他人接受你的意见。

须知，虽然有些话非直言不讳不行，但生活中并非处处都能“直”，有时还非得迂回、委婉些不可。对人方面，直言指出他人处事的不当，或提出一些建议来纠正他人性格上的弱点，这不是“爱之深，责之切”，而是和他过不去。而且，你的直言建议也不会产生多少效用，因为每个人都有一个内心堡垒，“自我”便缩藏在里面，你的直言建议恰好把他的堡垒攻破，把他从堡垒里揪出来，他当然不会高兴！因此，要善用迂回之术，这样他人会更容易、更乐意地接受。

掌握商场说服术，做职业女强人

✦

商务语言艺术是商务活动中促进双方合作、交易的推进器。提高商务语言艺术，对推动商务经营具有重要意义。对此，女性朋友要善于掌握商务场上的说服技巧。

刘同著的《这么说，你就被灭了》一书中曾经说过这么一个故事：

"您好，我是光线传媒的员工，我们想邀请某某参加一期节目，请问有时间吗？"

"很抱歉，某某最近正在拍摄平面杂志的写真集。"

"哦。"

"等拍完之后，我再跟您联系这件事情。"

"哦。"

"非常遗憾，希望我们有机会下次合作。"

"哦，那谢谢您，再见。"

这是光线传媒内部培训的一段模拟材料。刘同装成经纪人，和一位入公司半年多的员工通话。这段通话并没有让刘同有任何的感受，因为对方的说服术简直可以不值一提，只知道"哦"的回答，又有什么影响力呢。

说服术有着自己的一般技巧：比如什么时候给对方施压，什么时候适时让步，什么样的回答、提问方式能够直达对方的心里……但这也只是一些最基本的技巧，即便你把它掌握得很熟练，也不一定能够成为一个高明的说服专家。只有真正了解了说服的含义，熟练掌握说服技巧，才能够有可能成功说服别人，达到自己的目的。

说服即通过说理使对方理解信服。只有说服了对方，才能进行信息沟通，才能达到销售、推荐的目的。说服当然要说清楚道理，但这还不够，因为对方认不认你这个理，信不信得过，还要有一个过程，还要有其他方面的作用。因此，说服实际上包括以理服人、以情感人、以利诱人、察言观色这四个方面。

1. 以理服人

要做到以理服人，首先你自己要明理，要在说服前做好充分的准备。

（1）讲清道理。有条不紊地阐述事件的理论依据，这些理论又是对方能够理解的理论。讲清的过程，是逻辑思辨的过程，说理时，哪些先讲、哪些后讲，哪些重点讲、反复讲，是论理的技巧，在说服前都要做好准备。

（2）例证。举出大量实例来证明要说服的道理是有力量的，这些例子越现实越好，最好是发生在我们周围的真人真事。

说服的语言也应简明扼要，把道理说清、说透就可以了，不要啰唆，不要画蛇添足。

说服时宜用谦和、商量的语气，不要摆出一副权威的架势，而且可以提些问题，或鼓励消费者提出问题，用解答来加强说服效果。

2. 以情感人

说服的语言也应该是充满情感的语言。这不光是推销员与消费者之间原本就有一定感情联系，而是因为销售本身除买卖关系外，还有一定的感情联系。销售系统是一个群体，有关群体的心理现象都会在交往中表现出来。推销员带着自豪与自信的感情来介绍商品，就必然会感染顾客。

3. 以利诱人

在介绍消费者的利益时，应从价格、质量、特色、良好的售后服务等方面来说明。不要只讲一两点，如果有同类产品，可以用比较法来说明，如果其中有一两项例如价格不如同类产品时，不要回避，甚至可以主动提出来，然后用其他的项目说明比较。

4. 察言观色

对方能否被说服，一方面在于口才，另一方面还在于你能否抓住他的心理活动，有针对性地使用说服语言，以便做到情理交替使用，这种工作做得好，能让持否定态度的人被说服。

说服开始，就应该通过对方的"体语"揣测其态度，有一类喜形于色的人，是很容易表现自己的态度的，几乎一举一动，一颦一笑都在输出信息。也有一些人，不愿意表现自己，但是，他们的掩饰由于不自然，反而把自己的心理暴露无遗。当然，还有一些人是不露声色的，这种人大多内向。态度不好的大都持怀疑、否定或犹豫心理，态度好的仍有一部分是有以上心理的，对于这些人，如果开门见山地说服，效果往往不佳，不如先建立感情联系，运用你的魅力和口才，表现自己的友好与诚意，把你与对方的距离拉近。

这时，你必须留心观察，一个微笑，一个伸腰摆手的动作或挪动一下位置都说明对方的态度发生了变化，这时你的谈话内容与方式都要随着改变，并在适宜的时候，进行说理工作。

当然，如果对方毫无变化，甚至态度变得更坏，你就不要硬去说服，宁愿暂时不谈或谈别的内容。

说服过程中仍然要注意观察，有时没有听懂，有时已理解了不愿听，或者特别感兴趣，都会有态度与"体语"的变化。这时，都要有针对性地采取对策。

例如，对方如果表现出心不在焉的话，其眼神游移，顾盼他方，就说明对方已理解了，或认为这部分说服不重要。这时，你应把这一部分内容缩短，尽快结束，转移话题或干脆停止说服。

对方被说服时，也会有所表现，如眼睛放光、脸带笑容，如释重负的轻松感，等等。这时，推销员就应及时追击，巩固效果。

第三章 妙语连珠，说服别人就靠这张嘴

会说"巧"话的女人，更得人心

社会是一个很大的舞台，在这个舞台上，女人如何才能从容应对人情世故，得心应手地扮演自己的角色呢？其中不可忽视的也是最重要的一点，就是学会巧妙地说话。在社会交际过程当中，懂得巧妙地说话必能处处讨人喜欢，让自己成为深得人心的女人。

北方一个村庄里，有一位年过六旬、左眼失明的黄老汉。老汉孤独一人，由于后继乏人，他收养了一位十来岁的小女孩，取名"黄凤"。老汉常为自己的遭遇悲叹不已，总是思忖着原因何在。一天，他冥思苦想之后，觉得找到了自己不幸的"根源"：他的左邻右舍都姓"陈"，而"陈"与"沉"同音，他觉得他们"沉沉"地压着自己，使自己不能飞黄腾达，因此，闹着要搬家，村干部多次做工作，他就是不听，闹得不可开交。

正在这时，同村的刘嫂好言将老汉扶到自己家，倒上一杯茶说："老黄哥，您不能动气，要注意身子骨啊！好生活还在后头咧！"老汉的气顿时消了许多。刘嫂又接着说："您别怪别人多嘴，您咋傻了呢？搬啥家？若是我呀，杀头也不离开那个富窝儿呀！"一句话说得黄老汉愣愣地望着他。刘嫂接着说："您说，东邻姓陈，西邻也姓陈，您可知道他们是什么吗？那是文臣武将的'臣'！您左有文臣，右有武臣，保着您这个黄（皇）帝，您还不知足？"老汉开始乐了："刘嫂，这话当真？""这还有假，这不明摆着吗？我看正因为这样，您家的生活是一天比一天好。您的女儿又聪明又伶俐，黄凤，黄凤，不就是凤凰吗？用不了两年，双翅一展，就奔好前程去了。我说老黄哥，这是福地，说实在话，别人就是想住，怕也住不上呢！"刘嫂一席话，使黄老汉眉开眼笑。之后，老黄再也不提搬家的事了。

刘嫂巧言说服了黄老汉，她的话句句在理，通俗明白，说服老人理所当然。

一般来说，巧言有以下方法：

1. 应先了解对方的一些经历和生活状况

在应酬当中，不同的人思维方式迥异，他有他的想法，你有你的观点，交谈能否融洽则在于你对话题的选择。假如你不了解他的情况，自己只顾一味地按自己的喜好夸夸其谈，滔滔不绝，他肯定没有兴趣同你交谈；假如你知道他现在想要知道的、迫切需要了解的话题，同他促膝长谈，他肯定会津津有味地倾听你的述说。

2. 要常常保持中立，保持客观

按照以往的经验，一个态度中立的人，往往可以争取到更多的朋友。对事物要有衡量其中价值的尺度，不要顽固坚持某个看法。不要说得太多，想办法让别人多说。如要对人亲切、关心，应竭力去了解别人的背景和动机。

在交谈过程中，双方的心理活动是呈渐变状态的，这就要求我们在与人交谈中应兼顾对方的心理活动，使谈话内容与听者的心境变化相适应并同步并行，这样才能让交谈意图达到明朗化，从而引起共鸣。

3. 应清楚对方的身份和性格特性

性格外向的人易于"喜形于色"，和他可以侃侃而谈；性格内向的人多半"沉默寡言"，对他则应注意温言细语、循循善诱。

掌握了以上的谈话方法，并将其成功地运用在社交场合，你便可以在社会交际中游刃有余。

社交场合的交谈不仅是一门技术，更是一门艺术。灵活巧妙的语言既能够令你在社交中运筹帷幄，也能顺利打开人际交往的新局面。在现实生活中，人们要交流信息、沟通思想，就必须拥有语言交流的能力，不善言谈的女人是很难让人了解其价值的。

直话不直说，绕个弯效果会更好

✤

导而劝之是说服的一种方法，也是一种艺术。即当发现别人的错误时，不直言其非，而是有意地把"错误"引开，再规而劝之，使人家自觉接受，乐意而改之，从而如愿以偿地达到自己的说服目的。这是女人学习说服他人应该掌握的重要技巧之一。

有一位开计程车的小伙子，有一个不好的毛病，就是在他开车时，一只手把方向盘，一只手伸出车外，把车开得飞快。

有一位坐车的中年阿姨，一直提心吊胆，虽然这小伙子开车技术蛮熟练，可是谁能保证这种杂技表演式的开车法不出意外事故呢？中年阿姨几次想劝一劝小伙子，可是一面之交，怎么开口？她看着小伙子伸出车外的手想了半天，终于想出了一个引导的办法，让小伙子自己改正错误。这位阿姨对小伙子说：

"小伙子，这个地方是不是经常下雨呀？"

小伙子随口答道：

"可不是，六月天，孩儿脸，说变就变哪！"

阿姨关心地说：

"你把手拿进来怎样？如果下雨了，我会告诉你的，你一只手开车会有危险的！"

　　小伙子这才意识到中年阿姨是在纠正他开车时把一只手放在车外的毛病，立即一笑，把手缩了进来。

　　导而劝之，就是发现人家错误之处，要有意地把"错误"引开，再规而劝之，使人家自觉地改正错误。上述故事中，中年阿姨并没有多费口舌，就使小伙子认识到错误，且马上改正了过来，其诀窍就在一个"导"字上。司机小伙子把手伸出车外，绝不是为了试试是否下雨，而是一种坏习惯。中年阿姨明白，小伙也明白。但是，如果这位阿姨直截了当地指出小伙的毛病，忠言就会逆耳。阿姨深明此理，所以她非但不言其非，反而故意往好的方面引导，一方面给小伙子留面子，一方面又指出了他的毛病，使其欣然听其意见，乐意而改之。

第四章

巧用幽默，
幽默给女人的魅力锦上添花

初次见面，幽默消除距离

初次见面是人际交往的开端，此时形成的第一印象对双方以后的交往具有非常重要的意义，它一旦形成，便定下了对他人认识的基调，成为以后交往的依据。初次见面，由于彼此不了解对方的性格爱好，有时会显得很紧张、很拘束，如果不能有效地捅破横在彼此间的隔膜，就会给对方留下不好的印象，影响自己的人际关系。

由于工作或生活的需要，女人每天都有可能和陌生人打交道，如何在初次见面时就给对方留下一个好印象是女人必须考虑的问题。不管对方是男性还是女性，不管对方和自己的年龄差距有多大，初次见面肯定会保持一定的距离，而正是这段距离阻碍着女人和对方的坦诚交流。所以，女人在和他人初次见面时，要通过恰当的语言或行为消除或缩短双方的心理距离，使双方都放下心理防备。如果说话不当，就会增强对方的警惕心理，很可能话到嘴边又咽了回去。这样一来，女人就不可能和对方建立起正常的人际关系。

很多女人知道第一印象的重要性，初次见到某人时会主动地寻求消除彼此距离的方式，但由于没有掌握好的方法，往往事与愿违。初次见面时，有的女人滔滔不绝，不给对方足够的说话机会，虽然她是希望给对方留下活泼的印象，但不给对方发言机会，就会使对方感觉不被尊重，如此，谁还想和你交往。还有些女人为了消除尴尬的气氛，生硬地讲一些笑话，表情极不自然，即使笑话很有趣，对方也会感到不自在。

和人交往最重要的是自信，既尊重他人，也尊重自己，而体现自信最好的方式无疑是幽默的谈吐，谈吐幽默的女人言谈举止都显得很自然，给对方随和感，使对方感觉很舒服。如果太过谦卑，语气生硬，显得一本正经，反而会招致他人的厌烦。

王丽大学毕业后成为一名报社记者，和她一同被招进来的还有很多人。为了让大家尽快熟悉，报社举办了一次聚会，聚会的主角自然是王丽这样的新人。聚会开始了，可新人都显得很拘束，有人坐在座位上，有人专注自己的事情，很少有人主动发言。

报社领导当然明白怎么回事，于是带头作了自我介绍，并鼓励大家放松心情。轮到新人自我介绍了，有的人说话吞吞吐吐，有的人说了两句就完事。王丽和他们不一样，她在读书时就做过很多兼职工作，对陌生的场面已经司空见惯，只见她从容地站起来说："我叫王丽，来自江西。我喜欢写诗，但写不过舒婷；我喜欢唱歌，但唱不过韩红；我喜欢主持节目，谢娜可能比不过我。"王丽幽默的介绍立即引起大家的笑声，现场气氛缓和了不少。

王丽巧妙把自己和名人相比，既显示自己的才能，又显示幽默风趣的性格，不仅博得大家的好感，还使初次见面时的拘谨顿然消除，拉近了大家的距离。在王丽的带动下，很多新人都放下心理负担，很轻松地交流起来。

幽默的语言可以带来轻松、快活的气氛，调动大家的心情。初次见面的人彼此之间不熟悉，心里有防备是很正常的事。但人又是喜欢社交

的，没有人不希望得到他人的青睐和欢迎。可有的人就是不知道如何处理初次见面时的尴尬气氛，到最后双方不欢而散。而有些人通过幽默的谈吐很快就拉近了彼此的距离，使双方都感到很高兴。王丽就是这样的一个人，她通过自己的谈吐初次相处就赢得了他人的好感。

谈吐幽默的女人肯定是社交场里受人关注的焦点，当遇到陌生人时，她们态度热情，大方有度，言谈举止间尽显随和和自信。幽默的谈吐使对方在和自己交往时显得很自在，对方不用为怕说错话而欲言又止，因为你幽默的谈吐已经让对方明白你是一个豁达、不拘小节的人。

幽默的谈吐表明女人有着高尚的情趣和乐观的信念，有人说："幽默是表明一个人对自己事业具有信心并且表明自己占着优势的标志。"一个心胸狭窄、思想颓废的女人是不会幽默的，她们每天都心事重重，愁眉苦脸，只有豁达、开朗、热心的女人才懂得幽默。试想，不管是男人还是女人，谁愿意和忧郁的女人继续交往呢？

幽默是手段，拉近彼此距离是目的，不能把两者的关系搞颠倒了。和他人初次见面时，幽默无疑是消除距离的好方法，但切记，不能为了幽默而幽默，一定要根据现实情

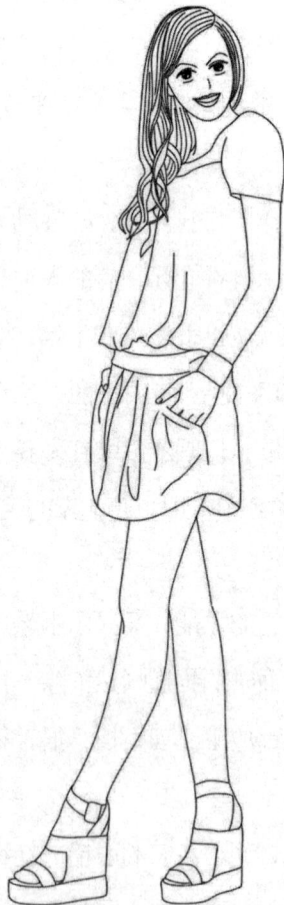

况，适当选择幽默的言语。如果彼此之间本不生分，就不要有意地说一些看似好笑的话语，这样做了，反而让对方觉得很做作，本来很友好的气氛转眼间就荡然无存。

幽默的谈吐给人亲切感，可以使对方放下心理防备，即使是初次见面的人也会很快和你"打成一片"。谈吐幽默的女人会给人留下美好的"第一印象"，使对方愿意和你继续交往。所以，女人应该培养自己的乐观情绪，热爱生活，同时还要多观察、学习，养成机智的应变能力。只要女人自信地面对他人，就一定会让他人主动地靠近自己。

第四章　巧用幽默，幽默给女人的魅力锦上添花

幽默是一块磁铁，让女人更有吸引力

幽默这种特殊的情绪表现，不仅仅是男人的专利，也是女人在社交场合中经常会用到的智慧。它可以让你在面临困境时减轻精神和心理上的压力。俄国文学家契诃夫说过："不懂得开玩笑的人，是没有希望的人。"可见，生活中的每个人都应当学会幽默。

人人都喜欢与机智风趣、谈吐幽默的人交往，而不愿同动辄与人争吵，或者郁郁寡欢、言语乏味的人来往。幽默，可以说是一块磁铁，让大家彼此吸引着；也可以说是一种润滑剂，能够使烦恼变为欢畅，使痛苦变成愉快，将尴尬转为融洽。

其实，在社交中我们不难发现，男性一般都能够将幽默和欢乐带给身边的每一个人，而女人在这点上就稍有点逊色了，所以培养自己的幽默感也是女人值得注意的地方。

现实生活中有不少人善于运用幽默的语言行为来处理各种关系，化解矛盾，消除敌对情绪。他们把幽默作为一种无形的保护网，使自己在面对尴尬的场面时，能免受紧张、不安、恐惧、烦恼的侵害。幽默的语言可以解除困窘，营造出融洽的气氛。

幽默是人际交往的润滑剂。善于理解幽默的人，容易喜欢别人；善于表达幽默的人，容易被他人喜欢。总之，幽默的人更易与他人保持和睦的关系。

幽默可以松弛紧张的情绪。现实生活中常常不乏令人碰得头破血流仍然得不到解决的问题，但是，这时如果来点幽默，却往往会令问题迎刃而解，化干戈为玉帛。

幽默具有如此神奇的力量，能给你带来很多意想不到的好处。幽默不仅能使你成为一个受欢迎的人，使别人乐意与你接触，愿意与你共事，它还是你工作的润滑剂，促使你更好更快乐地完成工作。这往往是采用别的方法所不能达到的，也是成本最低的一种方法。

如果你能够恰如其分地把你的聪明机智运用到幽默中来，使别人和自己都享受快乐，那么，你就会得到更多喜欢你、钦佩你的人，会获得更多支持和关心你的朋友。

语言是交流的工具，它能表达人们的思想和情感。同一个意思，长短不同的句子具有不同的表达效果，一般书面语中用长句子的时候较多，因为书面语讲求逻辑严密。但是在日常生活中，为了表达和接受的方便，我们则较多地使用短句表达自己的想法。

所以，一般的生活用语大都简短有力。比如在日常交流中，经过很长时间的沉默后，以一两句画龙点睛的话去作总结，就会产生令人难以预料的幽默效果。

在一次电视节目中，主持人向一位女作家问了这样一个问题："一个女人要想婚姻持久，你认为什么是最重要的？"

"一个耐久的丈夫。"女作家随口答道。

那位主持人提出的问题不是一两句话就能说清楚的，但女作家又不能不回答，为了避免过多的纠缠，女作家一句"一个耐久的丈夫"，既

幽默、简洁又发人深思，可谓"一语惊人"。上述幽默也变相地提醒女人们，真正的幽默会让人在微笑中思考。

其实，生活是个很大的舞台，在这个大舞台的很多场景里，我们都能看到各种各样的人出演着一幕幕"一语惊人"的剧目，女作家可以成为主角，小女孩也可以。

在萧伯纳访问苏联期间，一天早晨，他照例外出散步，一位极可爱的小姑娘迎面而来。萧伯纳叟颜童心，竟然同她玩了许久。临别时，他把头一扬，对小姑娘说："别忘了回去告诉你的妈妈，就说今天同你玩的可是世界上著名的萧伯纳！"萧伯纳暗想：当小姑娘知道自己偶然间竟会遇到一位世界大文豪时，一定会惊喜万分。

"您就是萧伯纳伯伯？""怎么，难道我不像吗？""可是，您怎么会自己说自己了不起呢？请您回去后也告诉您的妈妈，就说今天同您玩的是一位苏联小姑娘！"

上面故事中，苏联小姑娘不但"一语惊人"，"惊"的还是一个伟大的人物。她聪明幽默地展示了自信和人人平等的信念，从而一语惊醒了有些骄傲的萧伯纳。

可见，要想通过幽默来打动人，那就要将语言运用得当。下面就是给女人们提的几点建议。

1. 轻松应对

你首先要做的是放松。如果你付诸了行动，没有人会对你表示不满，况且你要面对的也不是改变命运的考验。你只不过是想给自己的生活和言谈增姿添彩，使自己显得更为随和。因此不要给自己太大压力。

2. 不要较真

减轻生活和自我的压力，要习惯于对事情持保留态度，遇事要看到幽默的一面。你会发现，在大多数情况下，即使是接到 200 元的违规停车或超速行驶的罚单或踩在香蕉皮上滑了一跤也可以为你带来幽默的谈资——秘诀是你能发现这些事情，并敢于自我解嘲。

3. 做"流行文化通"

如果你没有一些参考资料或素材，那你不可能有幽默感。你的知识面越宽，你说的话就越风趣。

4. 独树一帜

幽默不仅仅是开玩笑，它取决于你谈话的习惯，看待事物的态度，如何表现自己以及说话时的腔调和姿态。言谈要生动活泼，这样你就能使所有的故事变得趣味盎然。

与他人进行目光交流，自信地发表意见，这样每个人都想倾听你的故事。另一方面，如果你的幽默较为隐晦，具有讽刺性，那就扮演一下那个角色，并用一种平淡的语调来说话。你的表达技巧需与你的幽默保持一致，如果时机不当，你会弄砸整个玩笑的。

5. 要有创意

具有幽默感不仅仅是翻来覆去地炒"旧饭"。幽默最好是在谈话或讨论时融入一些独到和发自内心的见解。

6. 不惧失败

你的目标并不是要让大家哄堂大笑，就算是再优秀的喜剧演员偶尔也会砸场。因此不要担心没有人喜欢你的幽默，要么视而不见，要么一笑置之，并且不论你做什么，不要扎进"玩笑堆"里，费尽心机去逗乐每一个人——你不必如此。

幽默是人际交往的润滑剂，善于理解幽默的女人，容易喜欢别人；善于表达幽默的女人，容易被他人喜欢。可见，生活中女人们应该有意培养自己的口才，让自己更有魅力。

　　幽默不仅能够提高你在社交中的吸引力，在生活中一样也可以提高你的人气。幽默不是男人的专利，幽默的女人同样是大众的焦点。做一个懂得幽默的女人，在与人接触时，恰当地把幽默运用到你的言语之中，会使你的口才如暗夜中划过的流星，在瞬间的灿烂中让人回味无穷，既照亮了言语本身，也增添了你的魅力，使人印象深刻。

幽默反击，就能"逢凶化吉"

走出家庭的女人们，要想闯出自己的一片天也不是一件容易的事情，有时候会受到别人冷嘲热讽的言语攻击，面对咄咄逼人的嚣张气焰，我们必须抵制侮辱、有效反击。此时若能使用幽默来进行巧妙的应对和隐蔽的反击，就能收到很好的效果。

一位女作家的一部长篇小说，发表后引起轰动，一时成为最畅销的热门书。有个评论家曾向女作家求婚，遭到拒绝后怀恨在心，经常在评论中旁敲侧击地贬低这位女作家的才干。有一次文学界举行聚会，许多人当面向女作家表示祝贺，称赞作品的成功。女作家——表示感谢。忽然那位评论家分开众人，挤到前面，大声向女作家说道：

"您这部书的确十分精彩，但不知您能否透露一下秘密，这本书究竟是谁替您写的？"

女作家还陶醉在众人的赞扬声中，没想到他竟会提出这样的问题，就在她一愣的刹那，已有人偷偷发笑了。女作家立即清醒地估量了形势，做问题以外的争吵对自己不利。她马上镇静下来，露出谦和的笑容，对评论家说道：

"您能这样公正恰当地评价我的作品，我感到十分荣幸，并向您表

示由衷的感激！但不知您能否告诉我，这本书是谁替您读的呢？"

评论家十分尴尬，没想到女作家会这样回敬他。

女作家通过幽默的讽刺，给予了对方有力的回击，维护了自己的尊严。

隐蔽反击的要点一是要隐蔽，二是要对等。隐蔽是指反击不能太直接和裸露。对等就是指如果对方的攻击是侮辱性的，则还击也是侮辱性的，只不过要注意以幽默的方式表达出来；如果对方的攻击是调笑性的，那么还击的语言就要用调笑性的幽默。下面是一则发生在主人和客人之间的小幽默：

主人问客人："在您的咖啡里放几羹匙白糖？"

客人开玩笑地说："在自己家里时放一羹匙，在别人家里做客时放四羹匙。"

主人忙说："呵呵！请别客气，您就像在自己家里一样好了。"

客人的幽默无失礼之处，而且还能活跃待客场合的严肃气氛，因而，主人幽默的反击借题发挥，顺势而为，既不落下风，也不带有丝毫恶意。

而有些时候，别人的攻击是刻意而为的恶意攻击，在这种情况下，如果再不以牙还牙、以眼还眼，就会丧失尊严。一般说来这时的攻击是应该锋芒毕露了，但是如果你认真思考过了，就会发现我们最终所追求的并不是攻击的锋芒，而是攻击的力度。用幽默的方式做隐蔽的回击，隐藏了锋芒，增加了力度，从而使回击的现场效果更加淋漓尽致。

诗人拜伦在泰晤士河岸散步时，看到一个落水的富翁被一个穷人冒着生命危险救上岸，然而吝啬的富翁只给了这个穷人一个便士作为酬谢。

聚集在岸边围观的人们非常气愤，叫嚷着要把这个忘恩负义的家伙抛到河里去。这时，拜伦阻止他们说："把他放下吧，他值几个钱他自己清楚。"

在隐蔽反击时，要善于抓住对方的一句话、一个比喻、一个结论，然后把它倒过来去针对对方，把他本不想说的荒谬的话、不愿接受的结论用演绎的逻辑硬塞给他，叫他推辞不得，叫苦不迭，无可奈何。

英国作家弗兰西斯·哈伯有一次出游，让他的随从刷一下靴子，但随从没有遵照执行。

第二天哈伯问起，随从说："刷了有什么用，路上都是泥，很快又沾上泥了。"

哈伯吩咐立即出发，随从说："我们还没有吃早饭呢。"

哈伯立即回答："吃了有什么用，很快又饿。"

随从的借口并无恶意，哈伯的反击也无恶意。但这样反击能给对方示以警醒，让其认识到自身的谬误所在。反戈一击的幽默总是后发制人，"以其人之道，还治其人之身"。就像《圣经》所说，把上帝的还给上帝，把恺撒的还给恺撒。

生活中幽默的女人，不仅善解人意，更会"逢凶化吉"。当面对他人的嘲讽或愚弄时，不会大发雷霆、恼羞成怒，而往往会以幽默的方式回击对方，既得体又不失风趣。

做个幽默的妻子，增进家庭和谐度

两个人相爱并结为夫妻，只是万里长征刚刚走完了第一步。而做一对幽默夫妻则是保持婚姻幸福的最佳选择。

在幽默中，即使平日里的一些小摩擦也会被迅速化解，使你的家庭生活充满愉悦和温馨。我们来看下面这对夫妻的幽默。

下面是一个丈夫留给中午晚回家的妻子的话：

（1）买来一桶"鲜橙C"，多喝多C多漂亮；

（2）菜篮子已空。

丈夫告诉她已经买好了鲜橙汁，要她记得喝，同时提醒她去买菜。下面是妻子怕晚上下班回来迟，特地留给丈夫的，她还故意写错了字。

（1）"鲜橙C"已经放进肚子里；

（2）菜篮子我也"戴"走了。

妻子故意把"带"写成"戴"，这样一错，比丈夫的话更具幽默感。真是戏法人人会变，巧妙却各有不同。

在家庭里，女人往往是表面上的统治者。她们在表面所做的文章，也只是用来满足她们的统治欲和虚荣心。这时候，丈夫一定要理解妻子，幽默地配合妻子，这也是对妻子的一种宠爱。不但普通的夫妻是这样，伟人也不例外。

一次宴会上，林肯和他的夫人面对面坐着。林肯的一只手在桌上来回移动，两个手指头向着他夫人的方向弯曲。

旁人对此十分好奇，就问林肯夫人："您丈夫为何这样若有所思地看着您？他弯曲的手指，来回移动又是什么意思呢？"

"那很明显，"林肯夫人答道："离家前我俩发生了小小的争吵，现在他正在向我承认那是他的过错，那两个弯曲的手指表示他正跪着双膝向我道歉呢。"

人们常说，一个成功男人的背后一定有一个能干的女人。伟人之所以能取得很大的成就，很多时候都是因为有和睦的家庭作为坚实的后盾。做一对幽默的夫妻，家庭就能经得起狂风暴雨的袭击。在充满幽默气氛的家庭里，家庭成员之间一般不会出现关系紧张的情况。

幽默还是夫妻关系的滑润剂。聪明的人总是不放弃任何一个逗趣的机会用以调节家庭的气氛。

有一对夫妻，吵得很不愉快，太太一直嘀咕、臭骂，嫁给一个好吃懒做、没有出息的老公，真是一朵鲜花插在牛粪上。

不久，老公从楼上走下来，对老婆说道：

"老婆，牛粪来了！"

几乎所有的家庭不快、摩擦都可能在幽默的言谈中倏然消失，就像下面的这则幽默对话一样。

妻子："昨晚我做了一个美梦。梦见你答应给我一百块钱买衣服。你肯定会成全我的美梦吧？"

丈夫："那当然。说来真巧，昨晚我梦见自己把一百块钱给了你哩！"

丈夫悄悄告诉妻子："迈克这人真不是东西，刚刚在路上遇见他，但他却没有理我。这人太高傲自大了，好像我不如他似的。"

妻子安慰丈夫说："别生气！迈克有什么了不起，你当然不会不如

他，你刚才不是也没搭理那个笨蛋吗？"

然而也有些爱唠叨的女人，她们说话总是有口无心，沉醉于自我宣泄之中，全然不顾自己说了些什么，说得是否巧妙，是否正确，也不顾别人有什么反应。

一个男人因欠对面街上一位吝啬鬼的钱并必须第二天归还而发愁，晚上翻来覆去睡不着。他妻子知道缘由之后，下床来到窗前，冲着对面吝啬鬼的房子喊："对面屋里的人听着，我丈夫决定明天不还你的钱了。"她回过头来对丈夫说，"现在好了，你安心睡吧，该对面那位睡不着觉了。"

这则幽默故事体现了妻子为丈夫排忧解难的机智和她对丈夫的关爱。

有一则这样的幽默故事。

一天，一个男子实在忍受不了妻子的一本正经、不苟言笑，逃出家门，投宿旅店。服务员为他开了房间，并说："我们这里服务周到，会有一种家的感觉。"

他一听，大声喊道："天哪，快给我换个房间吧！"

这个男子实在地说出了一些已婚男人的心里话。其实，家庭应该是温馨的港湾，夫妻之间的交流应该是轻松愉快、推心置腹的。家庭中的幽默不可忽视，爱使得家庭生活变得可爱，幽默使得我们能充分享受家庭之爱带来的幸福。幽默的力量能帮助我们在爱与幸福之间搭建一座桥梁。试着换一种心态去生活，家庭也可以变成培植幽默的沃土。

幽默的笑声可以制造明朗和谐的家庭气氛。家庭生活不同于严肃的社交场合。很多的人在步入社交场合时总要戴上一副"面具"，如果回到家里还是不能或不愿将它"摘"下来，其家庭生活的气氛是难以想象的，因为家庭成员绝对不会接受你的这副面具。

—— 熟谙办事技巧，
让女人轻松应对人生难题

办事是一门学问，也是一个人在生存和竞争中立足的本领。一切与幸福快乐相关的事，都是给会办事的人预备的。同样一件事，会办事的女人能办成，不会办事的女人就有可能把事情办砸；会办事的女人，在社交场合中受人欢迎，在职场上得到领导器重；会办事的女人，能够把握做事的原则和分寸，能够用灵活的手段处理事情。熟谙办事技巧，让女人轻松应对人生的许多难题和麻烦。

第五章

适可而止，
给人留面子就是给自己留余地

管好嘴巴，别让是非惹上身

女人要想让自己优秀出色，首先在交谈中要注意管好自己的嘴巴，不能口无遮拦，想说什么就说什么，这会给其他人造成不快，也会影响到自己的形象。在每说一句话之前，都要考虑一下自己要说的话是否合适。

比如别人的隐私害怕更多人知道，而你聊天时又偏偏在无意中说到她的隐私，言者无心，听者有意，她会认为你是有意揭破她的隐私，从而恨你入骨，觉得你是一个低素质的长舌妇。

许多人不喜欢别人问自己的年龄，尤其对女性而言，年龄是她们的秘密，不愿被人提及。对钱等涉及个人收入的一类私人问题的询问通常也是不合适的，对方完全可能会对你置之不理。

身处职场，你的朋友或同事犯的错误被你知道，你便不惜声援正义，直言进谏。她本来就已经觉得愧疚，唯恐旁人知情，你再去揭破她，她自然更觉惭愧，由惭愧而愤恨，由愤恨进而与你发生冲突，结果岂不是很尴尬？所以，女人说话要婉转，别张口即来。

女人说话还是要小心为是，不要随便乱说话，因为话多了难免有失言之处，女性朋友们为了保住自己的地位和名誉，就要尽量远离闲话与是非，因为你不敢保证自己哪句毫无恶意的话会被别人捕风捉影地到处传播，那样即使你有一百张嘴恐怕也说不清了——落得个"八婆"的名声不说，还有可能从此受到排挤。试想一下，你身边的人天天给你穿小鞋，有几个人能承受得住？

职场中如此，生活中亦如此。比如对于他人的卫生状况不要妄加评论，除非是亲密的朋友。如果某人的肩膀上有头皮屑或口中气味难闻，或者拉链没拉好，请尽量忍耐不去想，等和他亲密一些的朋友告诉他，必要时私下提醒他。如果你直接告诉他，特别是在人比较多的场合，很容易让对方处于尴尬的境地。

在社交活动中，应以诚待人，以宽待人。要与人为善，而不要打听、干涉别人的隐私，评论他人的是是非非。不要无事生非，捕风捉影，也不要东家长，西家短，更不要传小道消息，把芝麻说成西瓜。说话要有事实根据，不能听风就是雨，人云亦云。

俗话说："良言一句三冬暖，恶语伤人六月寒。"口出恶语，不但伤人，而且有损自身形象。一个女人在他人背后指指点点、说三道四，会在贬低对方的过程中破坏自己的大度形象，而受到旁人的抵触。不要轻易地去议论别人，这样会降低你的人格魅力。从而给自己的人际关系带来不良影响。所以大家一定要以此为戒，管好自己的嘴巴，注意自己的形象。

随意指责别人，是女人最容易犯下的错

卡耐基说：“每个人都应该明白，当我们和别人相处时，面对的不仅仅是真理，还要考虑别人的情感。批评是情感的导火索，是能够引爆自尊火药库的导火索。只有愚蠢的人才会轻易地去批评、抱怨、指责别人。”

在待人处世中，女人最容易犯的一个错误就是随意指责别人，这也许是由于年轻气盛，也许是由于对自己的绝对自信。但不管怎样还是要提醒你，指责是对别人自尊心的一种伤害，是很难让人原谅的错误，如果你不想让身边有太多的敌人，那就请口下留情，别总去指责别人。

人的本性就是这样，无论他做的有多么不对，他都宁愿自责而不希望别人去指责他们。别人是这样，我们也是这样。在你想要指责别人的时候，你得记住，指责就像放出的信鸽一样，它总要飞回来的。因此，指责不仅会使你得罪了对方，而且也使得他必须要在一定的时候来指责你。即使是对下属的失职，指责也是徒劳无益的。如果你只是想要发泄自己的不满，那么你得想想，这种不满不仅不会为对方所接受，而且就此树了一个敌人；如果你是为了纠正对方的错误，那为什么不去诚恳地帮助他分析原因呢？

手段应当为目的服务，只有怀有不良的动机，才会采用不良的手段。许多成功者的秘密就在于他们从不指责别人，从不说别人的坏话。面对可以指责的事情，你完全可以这样说："发生这种情况真遗憾，不过我相信你肯定不是故意这么做的，为了防止今后再有此类事情发生，我们最好分析一下原因……"这种真心诚意的帮助，远比指责的作用明显而有效。

另外，对于他人明显的谬误，最好不要直接纠正，否则会好像故意要显得你高明，因而又伤了别人的自尊心。在生活中一定得牢记，如果是非原则之争，要多给对方以取胜的机会，这样不仅可以避免树敌，而且也许可使对方的某种"报复"得到了满足，于己也没有什么损失。口头上的牺牲有什么要紧，何必为此结怨伤人？对于原则性的错误，你也得尽量含蓄地进行示意。既然你原意是为了让对方接受你的意见，何必以伤人的举动来突显自己。

微笑、眼色、语调、手势都能表达你的意见，唯独不要直接说"你说得不对""你错了"等等，因为这等于在告诉并要求对方承认"我比你高明，我一说你就能改变你自己的观点。"而这实际上是一种挑衅。商量的口吻、请教的诚意、轻松的幽默、会意的眼神，定会使对方心服地改变自己的失误，与此同时，你也不会树敌。要知道，大多数人生来就具有偏见、嫉妒、贪婪和高傲等本性，人们一般都不愿改变自己的意愿。他们若有错误，往往情愿自己改变。如果别人策略地加以指出，则其也会欣然接受并为自己的坦率和求实精神而自豪。

假如由于你的过失而伤害了别人，你得及时向人道歉，这样的举动可以化敌为友，彻底消除对方的敌意。说不定你们今后会相处得更好。既然得罪了别人，当时你自己一定得到了某种"发泄"，与其等待别人的"回泄"，不知何时飞出一支暗箭，远不如主动上前致意，以便尽释前嫌，演绎流传千古的"将相和"。

为了避免树敌，还有一点需要特别注意，这就是与人争吵时不要非争上风不可。请相信这一点，争吵中没有胜利者。即使你口头胜利，但与此同时，你又树了一个对你心怀怨恨的敌人。争吵总有一定原因，总为一定的目的。如果你真想使问题得到解决，就绝不要采用争吵的方式。争吵除了会使人结怨树敌，在公众面前破坏自己温文尔雅的形象外，没有丝毫的作用。如果只是日常生活中因观点不同而引起的争论，就更应避免争个高低。如果你一面公开提出自己的主张，一面又对所有不同的意见进行抨击，那可是太不明智了，致使自己孤立和停步不前。如果你经常如此，那么你的意见再也不会引起别人的注意。你不在场时别人会比你在场时更高兴。你知道得这么多，谁也不能反驳你，人们也就不再反驳你，从此再没有人跟你辩论，而你所懂得的东西也就不过如此，再难从与人交往中得到丝毫的补充。因为辩论而伤害别人的自尊心，导致结怨于人，既不利己，还有碍于人，这实在不是聪明的做法。

"多个朋友多条路，多个仇人多堵墙"，生活中你要注意尽量避免树敌，更不要做因指责别人而得罪人的蠢事。

给男人留足面子，给自己留住幸福

很多女人对身边的男人发脾气时，不是置之不理就是破口大骂，甚至不顾忌是不是在公众的场合，有的女人还尤其喜欢当着朋友的面给男人难堪。女人以为使尽性子、要尽脾气，就能变成耀武扬威的女王，她们从男人的道歉和满脸赔笑中获得胜利的喜悦，孰不知自己因此将失去更多。

当女人一点点损毁男人颜面的同时，也正一点点损毁他们之间的感情。而给男人一个台阶下，为男人保留一点颜面，就等于给自己多一些幸福的空间。

男人一般都是头可断、血可流，面子不能丢的"动物"，所以在外人面前一定要给足老公面子。你可以表现出小鸟依人的样子，有的时候男人需要喝点酒、抽几支烟，这时最好不要严加干涉。若是有朋友到家里来也最好能表现得勤快一些，让男友有足够的时间和自己的朋友去吹牛皮、侃大山。当然，不排除有的时候男友可能会很过分，那就在别人不注意的时候狠狠掐他一下或者在客人走后惩罚他。正所谓"秋后算账"看他下回还敢不敢再犯！

小丽是那种很蛮横的女孩，和男朋友相处三年了，已经发展到谈婚论嫁的地步了，而两个人的经济大权早都交予小丽来掌管了。

可是小丽有个坏习惯，不管有人没人，当着什么人的面，她都会去翻男友的衣兜，检查一遍里面的钱，然后拿走最后一枚硬币。男友很无奈但还是对着同事说："我们家小丽就这样，呵呵！怕我学坏。"但心里已经有了埋怨，久而久之，怨恨越积越深。

最终，两个人也没能走入婚姻的殿堂，这让许多朋友都很惊讶。

殊不知女人绑住自己的老公的办法并不是看死他。

爱情就像捧在手里的沙子，你攥得越紧，它流失得越快，展开双手轻轻地捧着，它反而不会流逝。

不要怕做小女人，要知道，老公会因此对你感恩戴德的。当然，他也会在你的朋友面前表现得更加宠你、疼你，把你捧在手心像一个公主。这种令双方都开心的做法，为何不去尝试呢？

只有笨女人才会因为老公说了或做了使她不顺心的事而不分场合地给他脸色看，令他和他的朋友们都觉得尴尬、难以下台。聪明的女人会在适当的时候忍气吞声、强颜欢笑，给足老公面子，但是回到家就可以关起房门来好好教训，让老公心甘情愿地为你做一个星期家务，并发誓再也不敢有下次了！

世界上的事情没有什么是永久不变的，不要以为婚姻是牢固的，除非你懂得经营，否则它真的会成为爱情的坟墓。

有时男人要求的并不多，但他最在乎的就是面子，只要给足他面子，再适当地施展一下你的"小温柔"，难道还怕他不对你死心塌地？

含糊措辞，把事儿办得更巧妙

我们在与人交谈中，千万不要把话说得过于绝对。举一个简单的例子，比如人家问你"乌鸦是什么颜色的啊？"你千万别望文生义，或者凭借有限经验而武断地回答："乌鸦嘛，绝对是黑色的！"而聪明的女人则会这样回答："天下乌鸦一般黑！"

假如人家大白天里看到灰色的、棕色的甚至白色的乌鸦了，跑来反驳你。"瞧，你看，你看，这乌鸦不是黑色的！你还有什么好说的！"

你仍然可以脸不红、心不跳笑嘻嘻地说："老兄千万别断章取义，我说的是天下的乌鸦一般是黑的，'天下乌鸦一般黑'嘛。您这是找到特例了呀。"

如此，保管你立于不败之地。这不是抵赖，这是含糊说话的技巧所在。任何时候都不要把话说绝了，所谓"话到嘴边留三分"，说话要留有余地，不把话说死，才能进退自如。

某地一家国有企业曾经有一批"请调大军"，对此，新来的女厂长并没有大惊小怪，更没有埋怨指责，面对几百名"请调大军"，她发出肺腑之言："咱们厂是有很多困难，我也憷头。但领导让我来，我想试一试，希望大家给我半年时间，如果半年后咱厂还是这个样，我辞职，咱们一块走！"

这些话语没有高调，朴实无华，既是人格的表现，又是模糊语言的恰当运用。女厂长没有坚定地表示决心，而是"我也憷头"；她没有把话说绝，而是"我想试一试"；她没有正面阻止调动，而恰恰相反，"如果半年后，咱厂还是这个样，我辞职，咱们一块走"。然而，谁也不会相信，这是一个来"试一试就走"的女厂长。相反，人们正是从她那入情入理、心底坦荡的语言中感受到了力量，看到了希望。结果，这个工厂像是一个得了狂躁病的人吃了镇静剂那样恢复了平静，一心要干下去的人增强了信心，失去了信心的人振作了精神。模糊语言在这里发挥了神奇的作用。

模糊的语言一语双关，含不尽之意在语言外，在这种场合，成了沟通思想而又不致引起矛盾的特殊方法。我们在平时的交际中，常常用"如果时间允许"来回答朋友们热情的邀请，"如果时间允许"，就是模糊语言，它既显得彬彬有礼、十分中肯，又给我们自己创造了一个宽松的语言环境。试想若用"不能去"或"马上就去"等非常确定的语言来回答，其效果都不会理想。直接拒绝说"不能去"有点不尽情谊，说"马上就去"可是事后没时间去失约又会影响感情。这就是外交上经常会用到的技巧"弹性外交"策略，用到平时的交际中也是非常好的交际方式。

在谈话时，我们要端正思维方式，冲破传统的、习惯的"非此即彼"的思维约束，寻求两个对立极端的中间状态，使其真正与现实问题相吻合。彻底抛弃"非对即错""非黑即白"等长期困扰我们的违反辩证法的极端观念。

一位伟人曾针对这种"绝对分明的和固定不变的界限"提出："除了'非此即彼'，又在适当的地方承认'亦此亦彼'！"这位伟人的意思也是要我们学会含糊说话，不要轻易说出绝对的话，因为话说出口之后是很难收回的。

所以说言谈时不可把话说绝，这是一种为人处世的高明策略。要做到这一点其实也不难，这里面有个技巧，就是妙用含糊措辞。

含糊措辞是运用不确定的或不精确的语言进行交际的方法。在公关语言中运用适当的含糊，这是一种必不可少的艺术。办事需要语词的模糊性，这听起来似乎是很奇怪的。但是，假如我们通过约定的方法完全消除了语词的模糊性，那么，就会使我们的语言变得十分贫乏，使其交际和表达的作用受到限制。

例如：某经理在给员工做报告时说："我们企业内绝大多数的青年是好学、要求上进的。"这里的"绝大多数"是一个尽量接近被反映对象的模糊判断，是主观对客观的一种认识，而这种认识往往带来很大的模糊性。因此，用含糊语言"绝大多数"比用精确的数学形式的适应性强。即使在严肃的对外关系中，也需要含糊语言，如"由于众所周知的原因"、"不受欢迎的人"等等。究竟是什么原因，为什么不受欢迎，其具体内容，不受欢迎的程度，均是模糊的。

平时，你要求别人到办公室找一个他所不认识的人，你只需要用模糊语言说明那个人矮个儿、瘦瘦的、高鼻梁、大耳朵，便不难找到了。倘若你具体地说出他的身高、腰围精确尺寸，倒反而很难找到这个人。因此，我们必须至少在办事说话时放弃这样一种观念："较准确"总是较好的。

关于含糊这个问题，我们经过大量的实践和总结，得出了以下两个含糊措辞法，大家不妨在实际生活和工作当中运用一下，或许会对你有所帮助。

1. 宽泛式含糊法

宽泛式含糊法，是用含义宽泛、富有弹性的语言来传递主要信息的方法。例如：

现代文学大师钱钟书先生，是个自甘寂寞的人。居家耕读、闭门谢客，最怕被人宣传，尤其不愿在报刊、电视中扬名露面。他的《围城》再版以来，又被拍成了电视剧在国内外引起轰动。不少新闻机构的记者，都想约见采访他，均被钱老执意谢绝了。一天，一位英国女士，好不容易打通了钱老家的电话，恳请让她登门拜见钱老。钱老一再婉言谢绝没有效果，他就妙语惊人地对那位英国女士说："假如你看了《围城》，像吃了一只鸡蛋，觉得不错，何必要认识那个下蛋的母鸡呢？"英国女士只好放弃了采访打算。

钱先生的回话，首句语义明确，后续两句："吃了一只鸡蛋，觉得不错"和"何必要认识那个下蛋的母鸡呢？"虽是借喻，但从语言效果上看，却是达到了"一石三鸟"的奇效：其一，是属于语义宽泛，富有弹性的模糊语言，给听话人以寻思悟理的伸缩余地；其二，是与外宾女士交际中，不宜直接明拒，采用宽泛含蓄的语言，尤显得有礼有节；其三，更反映了钱先生超脱盛名之累、自比"母鸡"的这种谦逊淳朴的人格之美。一言既出，不仅无懈可击，且又引人领悟话语中的深意，令人格外敬仰钱老的道德与大家风范。

2. 回避式含糊法

回避式含糊法，是根据某种场合的需要，巧妙地避开确指性内容的方法。

在涉外接待活动时，每当与外宾交谈会话时，遇到"难点"就应巧妙回避转移。

不管怎样，含糊的措辞也是实际表达中需要的，常用于不必要、不可能或不便于把话说得太实太绝的情况，这时就要求助于表意上具有"弹性"的委婉、含糊措辞，一方面是为了给自己留条后路，另一方面，这也是避祸、解围屡试不爽的绝招。

适度示弱，是女人成功办事的一门学问

曾经女人是弱者的代名词，很多人认为这是对女性的歧视，实则并不然。充分地发挥女人作为弱者这一既定的事实，该弱的时候就弱一下，这是做事的谋略，同时也是给自己留退路，避免走进死胡同。事实也证明，无论是做人还是做事，女人示弱都是很聪明的做法。

向人示威，人人都会，向人示弱却只有少数人才做得到，因为示弱更需要智慧和勇气。

聪明的女人，把示弱当成一种必须的价值取向和人生态度，天生的柔弱气质，能够保护她在人生中得到呵护，拥有幸福。

柔弱本是女人的天性，但现代社会在男女平等的浪潮之下，很多女人开始变得像男性一样独立强硬，这本来无可厚非，不过在生活中，聪明的女人即便不柔弱，也要懂得"示弱"，这是一种生活的艺术，是人生的大智慧。

人，无论是强者还是弱者，都有被人需要、被人尊重的需求，都有超越别人，获得心理优越感的需求。太聪明、太独立的女人容易在事业上取得成功，可是一个人的能力过强，会给他人以很大的压力，与之相处仿佛总是在提醒自身的无能和低劣，这样的女人反而让男人感觉不到温暖，很难与她分享浪漫。因此女强人们千万不要把职场上的咄咄逼人

带回家，在爱人面前，要懂得迅速转换角色，要学会收敛过强的上进心和自尊心。"清官难断家务事"，夫妻矛盾的解决，既不能冲动，也绝不能靠逞强，只要心里有爱，不妨装装糊涂。一个能力出众者降低了对他人的压力，缩小了双方的心理距离，既维护了他人的自尊，也满足了对方的好胜心理，因而也容易赢得更多人的喜爱。所以，越是事业成功的女人，越要懂得示弱，"白璧微瑕"比"白璧无瑕"更能赢得男人的怜惜与喜欢，少一些指手画脚，会让人感觉轻松一些。

与陌生人相处，适当示弱是一种真诚接纳的态度。但大多时候，我们都习惯于在别人面前展示坚强美好的一面，自然地想掩饰自己脆弱不堪的一面，刻意在别人心目中树立完美形象，而这样做恰恰显示了我们的虚伪。

有研究社会心理的专家指出，适当地在别人面前表现你比较脆弱的一面，才会让别人相信你有真诚交流的心，会让别人产生想接近你的感觉，心理距离可以很快拉近。生活中我们也常看到，特别好强爱出风头的人总不如平和谦淡的人容易得到大家的喜欢与信任。

生活中，有各种各样示弱的需要，但无论何种类型的需要，都是一种智慧的体现。

性别上的示弱。比之于男人，女人最大的好处就是能在某种程度上示弱，可上可下、可进可退，示弱使其拥有了更多的空间。身为女人，应该为自己的性别窃喜，毕竟中国的文化，给予了男人太大的压力，他们只能刚强、勇敢，"男儿有泪不轻弹"，除了铮铮男子汉，他们别无选择。因此，男人生命的长度和韧性常常逊色于女性。

同类之间的示弱。不可否认的是，嫉妒是人的天性，而且这种嫉妒更容易发生在和自己年龄、社会地位、经济状况等各方面差不多的朋友和同事之间。适度在同事和朋友面前低头，"自贬"一下，会使由嫉妒产生的"摩擦系数"降到最低。

有一位大学系主任就懂得示弱之法。她刚刚被提拔为系主任时，有一位同事嫉妒她，总在找茬，使她难堪。后来她到同事家诚心诚意地和他谈心，她把自己的缺点和毛病全部亮了出来，说："我本人无论教学还是教学管理，经验都很贫乏，管理一个系的教学工作，实在勉为其难。以后请你一定尽力帮助我。"这位女主任的示弱之法很有效，从此以后，那位教师再也没有找她的麻烦，反而经常为她出主意。

可见强者对弱者的示弱，是在感情上体谅了不如自己的人，是一种让对方情感获得慰藉、心理获得平衡的待人策略。

在相对较弱的人面前，成功者不要一味夸耀自己的成就，应该韬光养晦，不妨多谈谈自己曾经失败的经历、现实的烦恼，刻意淡化自己的光芒，显出一种主动把握生活的自信和从容。

张小娴说过，女人要在两个人的时候柔弱，一个人的时候坚强。张爱玲也曾经说过，善于低头的女人是厉害的女人。越是强悍的女人，示弱的威力越大——男人彻底相信，这个女人只向自己低头。

千万不要以为示弱的女人没有本事，她们虽然低头，但不是一味低头，那些一味低头的女子才是真正弱女人，示弱的关键在一个"示"上。

在高 EQ 女人的爱情宝典里，聪明的女人适时流露出天真和弱小，她将收获诸如呵护、疼爱、帮助、信任等一系列的良性结果。

示弱不是处处迁就他，而是给他机会让他逞强，而这个机会，就把握在女人的手上。

首先，真诚地去赞美他。赞美是聪明女人最常用手段，利用一切可能的机会赞美他鼓励他，让男人觉得他的所作所为非常有价值。即使明明觉得这是一件很容易搞定的事情，也绝对不要因为太简单做到而忽视他的劳动和付出。得到肯定，才会有源源不断的动力。

其次，抓住他对自己得意的地方示弱。男人在完成自己不擅长的事情时，即使做得勉勉强强，也不愿意承认自己能力不够，而多半会在心里归咎于你"麻烦多"。毕竟，示弱是给他机会表现，而不是真的把他当"超人"来解决所有麻烦。去请教他得心应手的问题让他总能很好地完成你的要求，他会乐于帮助你，而不会认为你没能力。

最后，用温柔的态度做强硬的事情。即使你想坚决地贯彻你的主张的时候，如果能保持温柔的态度，那就是示弱。在温柔面前，男人们大多都会满足你的愿望，有时甚至连事情都没弄清楚就一口应承下来了。温柔地使唤他，他甘之如饴还不自知被你调遣了呢！

示弱时机也要掌握得恰到好处，自己得意之时，如提升、受奖、获利、扬名、各种人生幸事降临，此时适当示弱，可以保护其他人的自尊心；别人失意时，如竞争失败、名利受损、生活中遭到不幸，此时示弱，显得"彼此彼此"，让人感到"人皆如此，我又何恨"，从而得到安慰；别人赢得成功、荣誉，得到物质利益，在表示祝贺的同时，勇于承认这方面实在"自愧不如"，可保护别人的好胜心和荣誉感。

示弱对于女人为人处世，也有着不可估摸的作用。

示弱可以得到朋友。人际交往是一个互动互酬的过程，在这个过程中，人首先追求的是自我价值的保护和愉悦的情绪。可以不给予物质上的帮助，也可以不对他人的事业发展承担任何义务，但不能不顾别人的感受，让别人享受不到愉快。假如相处中总是逞强，追求优越的感觉，那么损伤了他人的自尊，破坏了对方的心理平衡，于是他人就会启动自己的心理防御机制，厌恶、逃避和排斥你。

示弱可以消除人们的仰视心理，增加被人喜欢的程度。对于"白璧无瑕"的人，人们更多的是仰视，对于所仰视的人，更多的不是喜欢，而是敬畏和避而远之，或是遥不可及的崇拜。只有适度暴露自己的一些弱点，才会拉近与他人的心理距离，增加接纳性。心理学研究表明，在一定范围内，人们之间的相互信任、相互接纳程度是和彼此之间的相互暴露程度呈正比的。

示弱也有益于我们的事业。"一个篱笆三个桩，一个好汉三个帮"，想要成就一番事业，一要靠自己，二要靠关系。所谓靠自己，首先是要拥有成就事业的才华、学识、气魄、毅力；而要靠关系，则是必须具备良好的人际关系，尽可能减少行进过程中的"摩擦系数"。拳击运动中，选手们在拳击时，总是先把拳头缩回来再伸出去，这样出拳才有力度，缩的幅度越大，出击的力量也越强。一个人的示弱，其实就是缩回拳头的过程，它的目的是为了在关键时刻把出击的那只拳头伸得虎虎生威。

所以女人须知，该示弱时就示弱，该撒娇时就撒娇，这是女人成功做事的一门学问，也是女人发挥自身优势的一大特点，善加利用，必有无穷的妙处。

第六章

应酬有术，
聪明女人社交有道

每个女人都缺少一堂"交际课"

与人相处，是女人生命的亮点，它不仅照亮女人，也让身边的人感到光艳夺目。男人也许会因为深沉的目的而选择孤独，女人不行。女人对人的交际很敏感，否则女人就不是女人。当然女人的社交自然有着女人的特点，男人的社交重心在于事业，女人的社交重点更多地体现在情感方面。

莎士比亚对社交曾经有一段精辟的论述："对众人一视同仁，对少数人推心置腹，对任何人不要自负。在能力上应能和你的敌人抗衡，但不要争强好胜，炫耀你的才干。对朋友要开诚布公，宁可让人责备你木讷寡言，不要怪你多言好事。"这也是社交的人际原则，女人学社交，女人在社交的舞台上表演自我，都必须懂得它的规则，它的艺术。和不同的人打交道，在不同的场合散发你与众不同的魅力，如一句谚语中所描写的一样，女人的社交是"香气四溢的花丛中，自然有蜂儿像云朵一般地聚集"。正如我所知道的，没有社交的女人是可怜的，然而没有女人的社交更是可悲的。

交际，是人类的基本需要。随着社会的进步，女性参加社会活动的机会越来越多，那么从社交中，女性可以获得什么呢？

1. 沟通感情

情感沟通是交际得以维持并向更密切的关系发展的重要条件。女性在交际中多"输出"一些感情，就可能多一份回报。

2. 满足需求

人类交往的目的是为了使"人"——社会成员实现个人的价值，完成社会赋予的责任。因此，必须吸引大量的他人的经验和物质、精神力量，满足自身需求和弥补不足。

3. 获得生存

人类的发展影响着劳动的分化，每个人用自己的劳动贡献于社会，同时又从社会中享受他人的劳动。没有交际，就没有劳动成果的交换，就没有现代水平的生活。

4. 发展个性

现代心理学研究表明，女性个性的构筑明显地纵横着交际的经纬。因为人的交际十分醒目地涂抹着个性的色彩，使得个性的调色板上粘着社会人际的颜料。

5. 寻求友谊

女性寻求友谊的需求，是同心理上的断乳期相伴随。特别是在青春期后，女性自我意识加强，女性对友谊的渴求愈加强烈，女性对交际的需求也就与日俱增。

好的人际关系应该是一种平等、信任、和谐的互相合作关系。当你有了良好的人际关系网时，那就意味着你有广泛的信息来源。如何搞好人际关系呢？以下是几点建议：

表达能力强的人总是引人注目的，并且很容易引起别人的兴趣，并进一步得到赏识。这样，个人的才能才有得以发挥的机会，个人的价值才有得以实现的可能。进行社交的基础是掌握一定的表达能力。表达自

己的真诚与友好是获得朋友和友谊的最佳途径。

情谊不是一朝一夕的事情，要经得起时间的考验。一个襟怀坦荡、光明磊落、正直大方的人，自然就会受到人们的敬重。只有人格的力量，才能真正征服人的心灵。人品好，朋友也会真，人缘才会好，人缘好则真朋友就多，朋友多了办事就顺利得多。一个人若是口是心非、挑拨离间、利欲熏心、势利无比，正派的人不避而远方、嗤之以鼻才怪。而敢于坚持真理、伸张正义、凡事不斤斤计较的人，必然会得到人们的敬重。

人与人之间的交往不可能总是一成不变的，它必然是不断向前发展的，因为社会在不断发展，而事物在不停地变化发展。人们必须学会自己控制自己，调节自己的心理状态适应变化了的环境，这样才能跟得上时代的脚步。新情况、新问题永远会让你措手不及，它们会突然从某些不为你所注意的角落钻到你的面前来，你要很好地应对它们，就必须有很强的应变能力。而在交际中随时间、场合的变化，出现的各种名目繁多的意外难题，就更要求你有一流的判断力和果断灵活的处理措施。一个人在交往中还要掌握与各阶层不同人物打交道的本领，这样你才能立于不败之地。

女人味，让社交更加分

女性的智慧，最引人注目的地方便是其交际魅力。那么，女性的交际魅力究竟体现在哪里，又该如何展示呢？

1.适当地修饰打扮

女性的打扮艺术，不是简单地涂脂抹粉，也不是挥洒高级香水，而是对自身形象的整体构思和谐调，是一种自信和雅致，是人格的外化。得体自然、恰到好处的打扮，是对自己的牢牢把握，也是对社交场合的驾驭。

女性的形体美是优于男性的一大特色。因此，在适当的场合尽量减少服装的层次，以展露出婀娜窈窕的身段。当然，身材欠佳的要巧于掩饰，注意一些被一般人疏于美化的地方，更能显示出你特殊的美。

出席舞会时，在众多的浓烈色彩的服饰中，追求一份淡幽，穿着打扮上以素雅为重，反而有一定的魅力。可谓"红妆素裹，分外妖娆"。

女性的发型和头饰，是一个能引起人们眼睛一亮的"圣地"。自然、舒展而又与自然脸型、体型、年龄、职业相符合的发型美，能衬托出女性的神采和风姿。

相对而言，女性的外表形象比男性更重要，也更为同性和异性所注目。

2. 给人自然的微笑

笑是嘴边的一朵花。女性的微笑，是最好的介绍信，是袒露心地善良的佳作。它传递的是热情，捎带的是温馨。自然的微笑能拉近与对方的距离，是交际的传导体。对陌生人的微笑，表示你的随和；对冒犯你的人微笑，表示你的宽容；对钟情于你的人微笑，表示你的倾心；对周围的人微笑，表示你对生活环境的适应。

在交际活动中，当出现进退两难的尴尬场面时，可让微笑去冲淡这紧张的气氛，取得周旋的余地，把握住交往的主动权；当一种态势逼得你出场时，善意的微笑便是一种"力量"，也是轻松神经，积极思维，征服对方的最佳缓冲方案。

3. 显示自我介绍的风韵

女性的自我介绍，是充分展示交际魅力的"开场白"。仪表美，再有一个恰当的自我介绍，是一次成功的自我推销，会使人产生想与你交往的愿望。在作自我介绍时，首先要有充分的自信和自尊。其次要以姿态、声音、表情的恰到好处来打动人心。

在介绍自己的姓名时，声音要清晰、明朗、语速不要太快。同时，满面春风的表情，更容易给人良好的第一印象。即使介绍时稍有失误，微笑的表情也会帮你摆脱尴尬。

4. 表现良好的姿势

具有优雅的坐姿，可以表现女性端庄、稳重、大方的特性，是女性体现美的另一种体现。坐时双肩平稳放松，两腿呈流水形，不要两腿分开或跷二郎腿，腰背挺直，不要来回晃动。这样会给人一种娴静、含蓄的美感。

善于倾听人讲话的女性，给人以尊重别人、有礼貌的感觉。在听别人讲话时，时而微微点头，并真诚地望着对方，适当地插话，如插一些

"嗯""真不错""是吗""真棒"等话语和感叹，使对方愉快地谈下去，同时也会重视你。

5. 显示温柔的特色

日常生活中，许多人很喜欢"大姐"般的热情和周到。她们之所以被人视为大姐姐，显然是因为她们经常把感情倾注于交际中间，善良、温柔成了"大姐姐"形象的内核。

温柔、善良是女性的特质。温柔而善良的女性，往往散发出浓浓的感情芬芳，释放出吸引人的强大磁性。

拒绝有方，感情不伤

记得小时候，要拒绝个什么事，"不"字对我们来说简直太简单了，直截了当张口就能说出来，可是不知从何时开始，每当我们想说"不"的时候，就变得畏畏缩缩、拐弯抹角起来，这是为什么呢？原因有两个：一个是因为人在江湖身不由己，人情世故拴住了我们的心；另外一个原因就是从小到大，我们已经习惯了被别人操纵。喜剧大师卓别林曾说：学会说"不"吧，那你的生活将会美好得多。想做个有求必应的好好先生或好好小姐并不容易，人们的要求永无止境，往往是合理的、悖理的共存，如果你当面不好意思说"不"，轻易承诺了自己无法履行的职责，那将会带给自己更大的困扰和沟通上的困难。

拒绝是相当重要却又不太容易的课题，有人喜欢你直截了当地告诉他拒绝的理由，有人则需要以含蓄委婉的方法拒绝，各有不同。不过，无论怎么拒绝对方，都得讲究技巧。如何做到拒绝别人又不伤到别人呢？试试下面这几个方法：

不要立刻就拒绝他人的请求。如果别人才将他的请求说出来，你想也没想就立刻拒绝，那会让人觉得你是一个冷漠无情的人，甚至觉得你对他有成见，一旦有了这样的误解，无疑对双方的关系是致命打击。所以，在拒绝之前，停留几秒钟。

对于一些对方不急着要求答复或是办到的事情，你可以采取暂时不给予答复的方法。当对方提出要求时，你迟迟没有答应，只是一再表示要研究研究或考虑考虑，那么聪明的对方马上就能了解你是不太愿意答应的。但无论如何，仍要以谦虚的态度，别急着拒绝对方，仔细听完对方的要求后，如果真的没法帮忙，也别忘了说声"非常抱歉"。

保持简单回应。如果你要拒绝，坚决而直接。使用短语，如"感谢你看得起我，但现在不方便"或"对不起，我不能帮忙"。尝试用你的身体语言强调"不"，不需过分道歉。记住，不要为拒绝感到愧疚。

用最委婉、和气的方式来表达你的不同意见。傲慢无情的拒绝容易招来对方的怨恨，对人脉资源的积累也绝没有好处。所以，当你真正有不得已的苦衷时，如果你能够委婉地说明，以婉转的态度拒绝，以和气的方式表达不同的意见，别人还是会感动于你的诚恳，对你的情况给予谅解。

总之，懂得合理地说"不"，是对人格的一种坚守，是自信与成熟的表现。同时也给自己留出了更大的做人做事的空间，让女人们更加从容和自信。

对症下药，让嫉妒远离你的生活

经常听到这样的话："嫉妒是女人的天性。"虽然这句话听起来有些偏激，但是有一点，女士们不得不承认，在竞争激烈的办公室里，女同事之间很容易因为各种事情而产生嫉妒。也许我们可以克制自己不去嫉妒别人，但却不能保证别人就不嫉妒我们。

职场中，如果你是一个非常出众的女人，那么你一定会感受到来自于身边同性的强烈嫉妒。她们嫉妒的范围很广，包括你的职位、工作能力、上司对你的赏识、你的外貌、衣着乃至你的家庭状况。虽然嫉妒并不会给你带来直接的危害，却会为你埋下失利的种子。因此，当女士们在办公室里遇到同性的嫉妒时，一定不要立即还击或是置之不理，而应当巧妙地应对她们，甚至将她们变成你的朋友。

那么，如何应对同性的嫉妒呢？可以采取以下三种方法。

1. 与对方共享美丽

爱美是女人的天性，这也就使得女人天生对美就有很强烈的执著。因此，女性最容易引起同性嫉妒的地方就是她外在的美貌。也许你的女性同事可以容忍你的职位比她高、薪水比她高、能力比她强，但绝对不能容忍你比她美丽，成为办公室里的焦点。虽然外貌、仪表、风度在很大程度上与能否得到更好的工作机会没什么关联。但几乎所有女性都无一例外地对比自己漂亮、着装比自己迷人的女人怀有"敌意"。

事实上，虽然女性很容易对同性的美产生嫉妒，但她们更渴望得到对方的赞美。因此，女士们在面对同事对你的"美"的嫉妒的时候，不妨忍痛割爱，将自己的美"分出"一部分给对方。这样一来，一定可以获得同事的好感，从而拉近与她们的距离。

2. 不妨让一步，浇灭对方妒火

如果没有"美"的资本，那么在工作中，最容易惹同性嫉妒的恐怕就是你所取得的成绩。事实上，这种嫉妒心理是男人和女人都有的。试想一下，在同一个办公室，做同样的工作，凭什么你就要比她们的薪水高？凭什么你就能得到晋升的机会？

因此，你在工作上所取得的成就难免会让你的同性同事嫉妒你，特别是那些年龄比你大、入行比你早、资历比你深的人。在她们看来，晋升机会本来就该属于她，而你一定是通过什么"阴谋诡计"才得到的。

面对这种情况，女士们该如何处理呢？有些女士会非常生气，因为她们知道自己是凭借努力才取得今天的成绩的。因此，她们对这种嫉妒非常厌恶，决定采取沉默来回应。其实，女士们大可不必动气。

这种示弱的做法，事实上是让你的女同事们觉得其实你也是很难的，有些地方不如她们，而且你还必须老老实实低调地做人，那么就会让那些嫉妒者感到心理上的平衡，使她们对你产生一种同情心理，从而消除她们的嫉妒心。

3. 大家分享名利

其实，所有的嫉妒都是在名和利的基础上产生的。很多时候，一些女士之所以会招来同性同事的嫉妒，很大程度上是因为她们对自己的利益过分看重，总是在工作中追求太多的利益。

应对这种嫉妒有一个小窍门，那就是满足对方获得名利的心理。女

士们不妨从自己获得的名利中，挑选出那些细小的、对自己的前途没多大作用的好处，谦让地分给其他同事。其中，要特别注意的是，当你所在的部门获得了某一特殊荣誉时，千万不要将它据为己有，而是要大方地分配给每一个人。虽然荣誉没有什么实在的意义，但却可以满足所有人的心理。

女士们，当嫉妒发生在你身边时，不要慌张，只要你找到对方嫉妒的原因，并对症下药，那么就一定可以圆满地解决。

女人的嫉妒心理往往发生在工作及社交中的双方及多方之间，因此要尊重并乐于帮助他人，尤其是自己的对手，注意自己的性格修养，这样不仅可以克服自己的嫉妒心理，而且可使自己免受或少受嫉妒的伤害，同时还可以与同事、朋友建立较为和谐的关系。自己在感受到生活愉悦的同时，事业也更加容易成功。

迎合别人的天性，事情办得更成功

在与人交往中，只有先迎合别人的兴趣，才有可能让别人关注你的兴趣。

玛丽成名后，从纽约到香港，打算小住之后，再到东南亚表演歌舞。

她需要一两个短剧，而在她心目中，如果在香港的一位很有名的作家能够为她动笔就太好了。这位作家学贯中西，文笔风趣，但他脾气古怪，而且也很忙。

朋友告诉她，作家并不知道歌星需要什么样的短剧，所以他不一定会放下自己手头的工作抽时间为她写，而且写后如果歌星不满意，双方都不会很愉快。

她的朋友建议她，先对作家说喜欢他的作品，再谈谈他的成功之处，然后再谈自己所需要的事。

玛丽立刻行动。她用这几天的时间，找到了这位作家的不少作品，又收集了许多他的采访发言，对他的作品进行了深入的了解。

几天后，她高兴地告诉朋友，作家爽快地答应了她的要求。因为，玛丽和作家相谈甚欢，作家愉快地答应了替她写一部短剧。

要令人感觉有趣，就要对别人感兴趣，提出别人喜欢回答的问题，

赢得对方的需求，这样便能够很快地拉近双方的距离。

使别人适应自己的要求是人的天性，我们只有首先迎合了这种天性才有可能在社交中取得成功。

我们知道，幼儿园应对小孩子的秘诀，其实只有一种，就是适应他们的兴趣。

小孩子的兴趣是什么呢？只要你能揣摩他们的心理便可以迎刃而解了。

在刚上课时，有很多小孩子要家长陪坐在旁边才行。但是，这情形只维持了一天，第二天，小孩子自己就不要妈妈陪了。因为老师告诉孩子，很多小孩已经不用妈妈陪了。孩子们也看到了有些没有妈妈陪的小孩也很快乐。

有些小孩子在上课时一直哭着，教师也用同样的办法，还告诉他，如果不再哭了，就有蛋糕吃。那些小孩子果然就不哭了。

和小孩子讲话要用小孩子的口吻，否则他根本就不会接受，更谈不上要他自动听话了。

看了幼儿园教师教育小孩子的办法，我们可以知道，她们成功的原因，是由于她们能牺牲，应该说是："放弃"自己的个性去迎合小孩子们的兴趣和思想。

我们首先要学会适应，适应之后才可以了解他人的意愿，才便于与他人交流。适应就是把自己融入这个环境，并对环境中的人感兴趣。

在人性丛林中，每个人的性格与爱好都有所不同。生活中有这样一种人，他们善于揣测他人的意图，逢迎他人的喜好，以使自己做出讨人喜欢之举。当然这种人不值得效仿，但有一点对世人应有所启发：他们为何要逢迎他人的喜好呢？无非是有人喜欢他们如此。所以，我们在求人办事的过程中，千万不要忽视了一点，即满足他人的兴趣，投其所好地说话、办事。

第七章

做事到位，
赢取个人魅力的原则

∴∴∴

做事无条理，做什么都是瞎忙

❀

做任何一项工作，关键不在于干什么，而在于怎么干。对此，做事有条理就显得十分重要。可以说，一个做事没有条理的人是很难把事情做到位的。由此也可以说，做事是否有条理是关系到人生成败的一大重要原因。

细心的女人常常会看到这样一种现象，一个人在单位里忙得团团转，可是当你问他忙些什么时，他却回答不出来，只说自己忙死了。这样的人就是瞎忙，做事没有条理性，一会儿做这一会儿做那，一件事情没有做完，又跑去做另一件事，结果第一件事情又要重新来做。不仅浪费时间、浪费精力、还浪费心情，而对于自己的能力却没有半点提高，甚至稍微复杂一点的工作都无法完成。

有这么一个故事：

两个人同时去找鲁班拜师学艺。一个胖子，一个瘦子。鲁班刚开始并没有答应他们，只允许他们在旁边观看他的手艺。

一个月后，鲁班对他们说："如果你们真想拜我为师，必须经过考验才可以。"两个人异口同声地说愿意接受考验。

"你们各自做一套家具，这套家具必须包括桌子、椅子、凳子、柜子和床。桌子一张，椅子两把，凳子四个，柜子两个，床一张。你们谁能做好，我就收谁为徒。"

胖子一听，脑袋就发晕，天啊，这么多啊！我做一年都做不完啊。

瘦子并没有多想，他开始把目标具体化。先做一张桌子，这个目标最好实现。再做两把椅子，接着做四个凳子。几个小部头做好后，再做大部头。他的计划是最后攻克两个相对来说比较麻烦的柜子。瘦子的计划有条不紊，先易后难，每完成一项，都给自己打气。他会自我鼓励地说："下一个目标就是一个凳子嘛！太容易了！"然后就忘我地投入到工作中去。

再来看胖子，一想到要做那么多的家具就发愁。"这么重的任务怎么能完成呢？太多了啊。为什么一定要做那么多呢？少做一点不行吗？真的太多了啊。我肯定完成不了。"胖子语无伦次地抱怨任务太重，心中毫无目标，不知从何下手。既想做椅子，又想做桌子，还想做柜子，恨不得一下子全做完，一口气吞下一个大胖子。于是椅子做了一半就丢在一边去做桌子，桌子的四条腿还没有完成又跑去做柜子。

两个月后，瘦子的一套家具全做好了，而胖子连一张椅子都没有做好。鲁班收了瘦子为徒，胖子垂头丧气地离开了。

同样一个目标，瘦子能完成，胖子只能败兴而归。并不是胖子的手艺比瘦子差，而是胖子不懂得有计划、有条理地把目标具体化和细化，脑子里老想着这么大的一个目标怎么能实现，胖子输就输在这里。可见一个人如果能够在做事的条理性这方面加强自己，就能够在做事的时候取得事半功倍的效果，再难的事情也不在话下了。

没有条理、做事没有秩序的人，无论做什么事都没有功效可言。而有条理、有秩序的人即使才能平庸，他也会获得相当大的成就。

一位女企业家曾谈起了她遇到的两种人。

有个性急的人，不管你在什么时候遇见她，她都表现得风风火火。

如果要同她谈话，她只能拿出几分钟的时间，时间长一点，她会伸手把表看了再看，暗示着她的时间很紧张。她公司的业务做得虽然很大，但是开销更大。究其原因，主要是她在工作安排上毫无秩序。她做起事来，也常为杂乱的东西所阻碍。结果，她的事务是一团糟，她的办公桌简直就是一个垃圾堆。她经常很忙碌，从来没有时间来整理自己的东西，即便有时间，她也不知道怎样去整理。

另外有一个人，与上述那个人恰恰相反。她从来不显出忙碌的样子，做事非常镇静，总是很平静祥和。别人不论有什么难事和她商谈，她总是彬彬有礼。在她的公司里，所有员工都寂静无声地埋头苦干，各样东西安放得有条不紊，各种事务也安排得恰到好处。她每晚都要整理自己的办公桌，对于重要的信件立即就回复，并且把信件整理得井井有条。所以，尽管她经营的公司规模要大过前述商人，但别人从外表上总看不出她有一丝一毫慌乱。她做起事来样样办理得清清楚楚，她那富有条理、讲求秩序的作风，影响到她的全公司。她的员工做起事来也都极有秩序，一派生机盎然的景象。

作为女人，工作要有秩序，做事要有条理，在工作时不要浪费时间，不扰乱自己的神志，办事效率也会高。从这个角度来看，成功一定会青睐与你，并且你做事精明的魅力也会得以充分的体现。

做事一步到位，避免节外生枝

❧

在当今快节奏的社会生活当中，"效率"开始成为衡量工作成功与否的基本标准之一。

但是，在做事情时，却有很多人始终处于得过且过、应付了事的状态，他们将"把事情做得'差不多'"当成自己的最高标准。对于任务，他们能拖就拖，根本无法在规定的时间内完成；在操作的过程当中马马虎虎、粗心大意、敷衍塞责……这些全部都是做事不到位的表现。

对于每个人来说，做事做到位都应该是最起码的工作准则，也是做人的基本要求，只有将事情做到位才能够提高工作效率，才可以获得更多的发展机会。女人做事到位，更能够展现自己的英姿飒爽之气，令自己在妩媚多姿的基础上平添一份别样的魅力。

曾看过这么一个故事：朋友从日本回来，想投资开一个日式料理店，请我帮他选择地点。我们跑遍了整个城市，看了无数的房子，最后他从中挑选出十个，把它们在位置、环境、布局等方面的优劣列成清单，反复比较，然后优选出三个，接着把这三个店的位置、环境、布局及服务内容等方面列成一个更为详细的调查表，委托一家信息咨询公司做市场调查，根据调查回馈，最后确定了其中一个，接下来便开始装修。朋友请来装修公司，详细地讲述他的意图，对方耐心地听着，我也

在一旁听着。开始还为他的认真而感动，到后来就有些不耐烦了，他也真是太详细了，不仅店内所有的空间包括门厅、厨房、卫生间里的每一个角落都不放过，而且，店外远至百米的路段也做了精心布置，简直精细到极点。我看着他，突然感觉有些陌生，原来挺豪爽大气的一个人，几年不见，怎么竟变得如此婆婆妈妈，心细如针？

店终于按照朋友的要求装修好了，进到里边，给人的第一感觉是舒服，第二感觉还是舒服，你能想到的他全想到了，你没想到的他也想到了，可他还是不放心，让我们帮他挑毛病，看看还有什么没想到的地方。我看着他，越发觉得他陌生了，从选店到装修，不仅多跑了许多路，多花了许多钱，更重要的是，花了许多时间，如果换成是我，现在早营业赚钱了，可他还在这儿挑毛病。我说："挺好的，赶快开业吧，早开一天早收入一天。"

朋友看着我说："正式开业还要等一个星期，从明天开始，我请你带朋友来吃饭，全部免费，但有一条，每吃一次，至少要提一条意见。""为什么？""因为在日本，不能让客人等候超过五分钟，不能让他有任何不满意的地方，现在开业，我没有把握，所以我付费请咨询公司替我找最挑剔的顾客来，如果你方便也请你来，多挑毛病，拜托了。""你也太认真了，这是在中国，不用这样，要我说，先开业，发现问题再说，现改也来得及。""不，我不能拿顾客做试验，在日本，我做过调查，开业最初十天进店的顾客，基本上就是你店里长期的顾客，如果你在这十天留不住顾客，你就得关门。"

"为什么？"我有些不解。"一个新开的店，有点不足是难免的。客人也是会谅解的，下次改正就行了。""不，在日本，没有下次，只给你一次机会。我刚到日本和日本人初交往时，觉得他们很傻，你说什么他都信，你如果想骗他其实很容易，但是他只让你骗一次，以后他永远不会再和你来往。在日本，只要是你本人的原因犯错，你就得走，你不能说：对不起，这次我错了，给我机会，我保证下次改。没有下次，只给你一次机会。"我看着朋友，突然明白了为什么这些天来，他如此认真，如此精细，这个在我看来没什么了不起的料理店，在他看来，仅次于他的生命，因为他深深知道，这既是他的第一个店，也是他最后一个店，成败只此一次，没有再一，更无再二。

其实很多时候，如果有了下次再来的心思，那么这次你就不可能全部投入，失败的几率很大。一步到位是一种绝对认真的做事方式。

如果你想成功，就必须坚持到底

坚毅和决心是圆满完成工作的关键。如果你想成功，就必须坚持到底。

想实现梦想必须要行动，而行动必须要有恒心。只有既有行动又有恒心的人，发挥潜能，才能达成目标成就伟业。行动要有恒心，这是开发潜能的重要因素。

从龟兔赛跑的故事中可知，竞赛的胜利者之所以是笨拙的乌龟而不是兔子，就是由于兔子在竞争中缺乏持之以恒的精神。因而，恒心和毅力对想获得事业成功的人来说，是必备的条件和重要的保证。

半途而废、浅尝辄止，发挥潜能的愿望永远只能是梦。

你想要更上一层楼就必须做得更多更好。

如果一个人能把所有精力都投入到自己的强项上，让自己比别人做得更多更好，结果会怎样？必然会有所建树！

渥沦·哈特葛伦博士是一位博学多才的老人，他以前是一所大教堂的牧师，后来退休了。他曾经问过一位年轻人是否了解南非树蛙，年轻人坦白地说：不知道。

博士诚恳地说："如果你想知道，你可以每天花 5 分钟的时间阅读相关资料，这样，5 年内你就会成为最懂南非树蛙的人，你会成为这一领域中最具权威的人。"

年轻人当时未置可否，但他后来却常常想起博士的这番话，觉得这番话真的道出了许多人生哲理。

我们大多数人都不愿意每天投资5分钟的时间（与5个钟头的时间相比实在是少之又少）努力成为自己理想中的人。

伍迪·艾伦说过，生活中90％的时间只是在混日子。大多数人的生活层次只停留在：为吃饭而吃、为搭公车而搭、为工作而工作、为了回家而回家。他们从一个地方逛到另一个地方，事情做完一件又一件，好像做了很多事，但却很少有时间从事自己真正想完成的目标。就这样，一直到老死。我猜想很多人临到退休时，才发现自己虚度了大半生，剩余的日子又在病痛中一点一点地流逝。

成大事者与不成大事者之间的距离，并不是大多数人想象中的一道巨大的鸿沟。成大事者与不成大事者只差别在一些小小的动作：每天花5分钟阅读、多打一个电话、多努力一点、在适当时机的一个表示、表演上多费一点心思、多做一些研究，或在实验室中多试验一次。

在实践理想时，你必须与自己做比较，看看今天有没有比昨天更进步——即使只有一点点。

通常只有遇到实际的状况后，才能分辨你的能力足不足以胜任那份工作。如果你是一个外科医生，动手术时却手脚笨拙，就说明你医术不佳；如果你是一个厨师，准备了一顿让人食不下咽的餐点，人们才会晓得你厨艺不好。

评断你能力的最佳裁判不是你的老师、消费者或你的朋友——而是你自己！

在行动之前自己就知道是否足以胜任这一个任务。你可以想尽办法掩饰你的无能，并祈祷没有人会发现你知道的很少，动作多么的不熟

练。但终究你还是得面对自己的无能，也必须自己想办法去修正。

没有任何借口可以解释你为什么长时间仍然无法胜任一项工作。第一天你可能什么都不知道，第二天你应该懂点什么。第一次尝试一份工作，你可能没办法表现得很完美，但经过一两天的练习，你应该要比第一天做得更好。

别人可能也无法真正断言你是不是一个诚实的人，只有你自己才知道自己的动机或企图；只有你自己才知道你诚不诚实、值不值得信赖；只有你自己才知道你提供的交易公不公平。

人们通常清楚他们自己是不是欺骗了他人，如果自己连这点都不知道，就已经成为病态的骗子，行为上也会有严重的偏差。

不论你想追求的是什么，你必须强迫自己增强能力以实现目标。

这就需要钻研自己的领域。认真地研读、仔细地观看、专心地聆听这行中顶尖的人的言行举止，并效法他们的作为。

勤加练习；勤加练习！最后还是勤加练习！决不放弃学习，而且一定要将学到的知识运用于日常生活中。保持与这一领域的最新发明、最先进技术和最新研究的资讯渠道畅通。参加新的发表会、展示会、讨论会或其他各种集会。敏锐地观察相关的新趋势、新发现，你会为从中发觉新的可能而感到兴奋，这表示你可能已基于过去的努力而为未来发现了新的方向。你将会越来越杰出。

把本职工作做到位，认真的女人最好运

把本职工作做到位，既是实现工作目标的所在，也是一个人素质的体现。"工作也许不如爱情来的让你心跳，但至少能保证你有饭吃，有房子住，而不确定的爱情给不了这些……"这是现在颇为流行的一句话，事实也是如此，尤其是现代女性，很少有人甘愿当个全职太太。

但是很多女人并不能正确对待自己的工作，因为她们的心思并没有完全在工作上，也许在想着晚上吃什么，男朋友什么时候来接她下班等等，这样一来自然在工作中就感觉不到丝毫的乐趣，更别提在事业上能有所成绩了，那只不过是她打发无聊时间的场所而已。

也许你家庭富裕，也许你认为自己没有这个工作一样活得很好，因为你的老公能养着你，那你就错了。你的依赖只会让男人感到一时的怜惜，时间长了他就会觉得压力很大，而且你的父母也会因为你经济上的不独立而担心你的另一半会对你不好。

其实，在这个社会上女人属于弱势群体。因此事业心强的女人不仅容易受到男人的尊敬，而且可以让女人少点对别人的依赖，加强自己的独立性，拥有自己那片闪亮的天空。单身的女性还有可能在自己喜欢的岗位上遇到白马王子呢！

小云大学刚毕业，被分到软件公司上班，每天很轻松，但她不像别

的女孩那样拿着不菲的薪水购物、泡吧，而是一有时间就给自己充电，每天都要记工作日记。

公司的男主管，是一个大家私下里经常议论的帅哥。一次，他的电脑程序出了问题，没有人明白，因为这是他们专业外的问题，小云只点了几个键就解决了这个问题。

从此这位帅哥就注意到她了，发现她对待自己的工作如此认真、如此一丝不苟，经常一个人在那里研究，不由觉得她很可爱。久而久之，对她的感情由钦佩转为喜欢，小云不仅事业进步，爱情也获丰收。

理性的工作还可以让你的思维变得灵活，同时扩展你的社交圈，让你的生活不再仅仅是围绕着老公和孩子转了。但不是说你就要没日没夜地加班，完全不顾家里，那老公也会有意见的。因此，平衡好家庭和工作的关系是最重要的。

这个世界并不只是男人的天下，其实女人天生心思细腻，比男人更适合某些工作。只要在上班的时候倾注自己全部的精力，把自己的本职工作做得比别人更完美、更迅速、更正确、更专注就可以了。永远记住：认真的女人最美丽！

第八章

少说多听，
让倾听为办事增值

专心听他人讲话，是给予他人的最大赞美

专心听他人讲话的真诚态度，是我们能够给予他人最大的赞美。他人将以热情和感激来回报你的真诚。

人们往往对自己的事感兴趣，喜欢自我表现，一旦有人专心聆听自己的讲话时，就会感到自己被重视。

韦伯从欧洲旅游回到美国后，在一次晚宴上结识了一位女士。当这位女士知道韦伯刚从欧洲回来，便说自己从小就梦想着去欧洲旅行，现在都未能如愿。在之后的交流中，韦伯意识到她是一个很健谈的人。他知道，假如让这样一个人很久地听他人讲很多风景优美的地方，一定如同受罪，并且还会不时地打断自己的谈话。因为她对他人的谈话根本毫无兴趣。其实，这位女士只是想从他人的谈话中找到契机以开始自己的话题。

韦伯曾听朋友说，这位女士刚从阿根廷回来。阿根廷景色秀丽的大草原是最吸引人的地方，她一定深有感触。于是，他便说自己喜欢打猎，还说欧洲的山太多了，假如能有机会在大草原上打猎应该是十分惬意的事。

那位女士一听讲到大草原，就立刻打断了韦伯的话，兴奋地告诉他，她刚从阿根廷回来。韦伯当时耐心地听着，那位女士后来就开始了

116

她滔滔不绝的话题，一直讲到晚会结束还意犹未尽。

韦伯只说了几句话，而那女士却告诉他人韦伯很会讲话，自己很喜欢与他在一起。其实，那位女士并不想从他人那里听到些什么，她仅仅是需要一双认真聆听的耳朵，她只想倾诉。而韦伯正好懂得这一点。

聆听是一种沟通技巧，也是礼貌和诚挚的表现。倾听使谈话双方关系更加融洽，同时，心灵的距离也被缩短了。

假如你要他人同意你的观点，必须遵循的规则是：使对方多多说话，试着去了解他人，从他的观点来看待事情就能使你得到友谊，减少彼此之间的摩擦。

艾尼是纽约市中区人事局最有人缘的工作介绍顾问，但是过去的情形并不是这样。在她初到人事局的头几个月中，在同事之中连一个朋友都没有。因为那时每天她都使劲地吹嘘自己，比如在工作介绍方面取得的成绩，她新开的存款户头，以及她所做的每一件事。

她认为自己的工作做得不错，并且为之自豪，但是同事们不但不分享她的成就，而且极不高兴。在莫名其妙中，艾尼开始反省自己，在她认识事情的实质时，她开始少谈自己而多聆听他人的声音，最终很快扭转了氛围。

德国人有一句谚语，大意是这样的：最纯粹的快乐，是我们从那些我们的羡慕者的不幸中所得到的那种恶意的快乐。或者，换言之，最纯粹的快乐，是我们从他人的麻烦中所得到的快乐。

是的，你的一些朋友，从你的麻烦中得到的快乐，极可能比从你的胜利中得到的快乐大得多。

因此，我们对于自己的成就要轻描淡写。谦虚会永远会受到欢迎。

可以说聆听是一种积极的态度，它意味着能控制自身偏见和情绪，能克服心理定势，从而给对方以热情的回应。

西格曼算是近代伟大的聆听大师了。他是一位十分专注的听人讲话的人，他拥有他人都不具有的特殊气质，并能用心灵洞察和凝视事情。他的眼光是谦逊和温和，声音低柔，姿势很少。别人说话的态度——即使别人说得不好，还是一样认真地聆听。

只谈论自己的人，所想的到的也只有自己，而只想到自己的人，是不可救药的未受教育者。人们会认为他没有受过教育，不论他读过多少年的书。

请记住，与你谈话的人，对他自己、他的需求和他的问题，更感兴趣千百倍。他对自己颈部的疼痛，比对非洲40次地震更为关注。当你下次开始跟他人交谈时，别忘了这点。因此，假如你想要别人喜欢你，请从现在开始，做一个好的聆听者，鼓励他人谈论他们自己。

有些女人，自以为是，目空一切，往往不愿去听别人说什么，无知与偏见就这样产生了。耐着性子多听一些，就会了解对方的内心感受，信任很容易就会产生。

在"聆听"的过程中，也是有层次之分的。最为低层的要数"听而不闻"了，这类倾听者，对说话者的话语如同耳边风。过一段时间再问他，他会什么都不知道，就像那时的倾听者不是他一样。其次是"虚应故事"，"嗯，……是的……对对对……"略有反应，其实心不在焉。第三是"选择性地听"，只听合自己口味的。第四是"专注地听"，每句话或许都进入大脑，但是否听出了真意，值得怀疑。层次最高的则是："设身处地地聆听"。聆听可以打开别人的心门，传递出一种肯定与信任，热情的信息，使你的人际关系更通畅。

做一个愿意倾听的女人，有助于办事成功

如果你希望成为一个善于与人沟通的高手，那你就得先做一个愿意倾听的人。要使别人对你感兴趣，那就先对别人感兴趣。问别人喜欢回答的问题，鼓励他人谈论自己所取得的成就。不要忘记与你谈话的人对自己的一切比对你的问题要感兴趣多了。

许多人一直认为当别人说话时，闭起嘴巴才是讲礼貌的表现。事实上，真正有效的倾听，不仅仅是耳朵的简单使用，而是与嘴巴、脑袋有效的配合，特别是嘴巴。

长时间的沉默会给人造成极大的心理压力。我们往往可以在影片中看到监狱中有一个叫做禁闭室的房子，用来惩罚不听话的犯人。房间不仅非常狭窄而且最重要的是那里既见不到阳光又没有人和你说话，你就这么静静地待着，一待两个星期或者更长。实际上，正常的人即使是在里面关上一天都感觉度日如年。因为人生性是排斥黑暗和沉默的，沉默使人感到没有依靠，有的时候真的可以让人为之疯狂。

所以，我们在"倾听"的时候，不仅要"听"，还要让人感觉到我们对他所说的话"表示有兴趣"。如果发言者谈论的内容确实无聊且讲话速度又慢，我们可以转变自己的想法，所谓"三人行必有我师"，设想倾听这场谈话或多或少都可使自己获益，那么在倾听别人谈话时就会

自然流露出敬意，这是有礼貌的表现。

另外，在倾听对方谈话时还需要聚精会神、全神贯注。当某个人到你的办公室来和你谈判时，你绝对不允许有任何事情分散你的注意力。假如你是在一个喧哗嘈杂的房间里和人谈话，你应当想方设法地让对方感觉到你们是在场仅有的两个人。

在交谈中，你的双眼应凝视着对方。即使此时有一个持枪的暴徒突然闯进房间，你或许也不会注意到。

尼克深深地记得一次被冒犯的亲身经历：尼克和他的销售经理正在共进晚餐，每次那位漂亮的女招待经过他身边时，销售经理的视线就会一直追随着她，直到看不见为止。尼克当时感到自己受到了莫大的侮辱，并愤愤不平地想道："那位女招待的腿显然要比自己说的话对他更重要。他一点都没有认真听我讲话，他完全漠视了我的存在！"

为了清楚地听到对方的谈话，聚精会神是必要的，如果我们的精力不集中，我们就会神游天外、心不在焉。

还有需要注意的是，作为一个有修养的倾听者会记住所有发言的内容重点，并完全了解别人的希望所在，而不是去注意发言人的长相、声调。

以下四点是一个合格的倾听者所应当掌握的：

1. 注意

倾听时，眼睛注视说话的人，将注意力始终集中在别人谈话的内容上，给予对方一个畅所欲言的空间，不抢话题，表现出一种认真、耐心、虚心的态度。

2. 接受

交谈时，通过赞同的微笑、肯定的点头，或者手势、体态等作出积极的反应，表现出对谈话内容的兴趣和对谈话对方的接纳与尊重。

3. 引申话题

通过对某些谈话内容的重复和对谈话对方情感的重述，或通过提出某些恰当的问题，表现出对谈话内容的理解，同时帮助对方完成叙述，从而使话题进一步深入。

4. 欣赏话题

在倾听中找出对方的优点，显示出发自内心的赞叹，给予总结性的高度评价。欣赏使沟通变得轻松愉快，它是良性沟通不可缺少的润滑剂。

在对方倾诉的时候，尽量不要打断对方说话，大脑思维紧紧跟着他的诉说走，要用大脑记而不是简单地用耳听。这时，还要配合眼神和肢体语言，轻柔地看着对方的鼻尖，如果明白了对方诉说的内容，要不时地点头示意。必要的时候，用自己的语言，重复对方所说的内容，这样，自然能够让人感觉到你的尊重和理解，你们之间的沟通也就顺畅起来了。

第八章 少说多听，让倾听为办事增值

121

听准了意思，才能恰当回应

倾听，似乎是一件没什么技术含量的活，但是只要人们认真思索一下就不难发现，其实很多时候我们根本听不明白对方在讲什么，甚至会听成迥然相反的两件事，以至于给自己和他人带来困扰。

听人讲话最基本的一点就是要弄明白对方所说的话究竟谈到了哪些事情，只有抓住这个关键因素才能听懂对方的话，并做出相应的反应。

生活中，有些人虽然一脸虔诚地听人讲话，但是如果向他询问对方讲的是什么，他很可能会一脸茫然。他为什么没能听懂、听准对方的讲话呢？原因可能五花八门，可能是由于对方话语啰嗦，表意不明，也可能是因为自己知识浅薄或者立场不同、阅历不同、专业不同，以至于听不明白。在人际交往之后，善于聆听别人的讲话要比能说会道更加重要。如果听不准对方的话，很可能会给自己带来麻烦。

一个外贸公司准备搞一场露营活动，王经理正好负责正常活动的筹划。他想买点竹竿，做成鱼竿，供大家娱乐之用，于是他吩咐手下的秘书："去买点竹竿"。呆头呆脑的秘书没有听准经理的意思，以为让他去买几斤猪肝。于是这位秘书就跑到菜市场逛了半天，最终找到了一家卖猪肝的店，又想起领导没嘱咐要买几斤，就决定多买点，顺带买了点猪耳朵。

秘书将猪肝交给经理的时候，经理大笑不止，无奈地说："耳朵呢？"意思是说，这个秘书没长耳朵，没听明白自己到底要买什么，但是秘书听后却松了一口气一般，心想幸好自己多个心眼，多买了猪耳朵，于是将猪耳朵掏出来说："耳朵在这儿呢！"

经理看后不知自己该笑还是该哭了。

碰到这样的秘书简直让经理操碎了心，让他买竹竿竟然能听成买猪肝，把教训他的话错听成其他。这个故事虽然听起来可笑，但是类似的事情其实在每个人身上都多多少少发生过。有时是因为脱离了客观环境理解导致听错了，有时是由于谐音听错了，有时是由于自己的注意力不集中而听错了……但是不管出于什么原因，听不准都容易造成差错。由于没有听明白对方交代的事情而出乱子、得罪人的事情时有发生。

因为连续几天的大雪，路面变得非常滑。刚走出写字楼不久，青青不小心摔了一跤。虽然摔得不轻，但她还是以最快的速度站了起来，并下意识地向四周望了望，看看是否有人看到了自己的窘态。没想到同事小刘正朝这边走来。当时青青感觉很不好，没想到小刘走到自己跟前之后，像什么事也没发生一样对青青说："我刚才下楼的时候，发现地面特别滑，走路注意点。"青青很感激地看着他，心想"他可能什么都没看见"。

第二天一早，青青还没进办公室的门就听见屋里的同事的谈笑声。她竖起耳朵，想听听他们到底在讲什么，刚想进门就听见小刘说："她可真笨。哈哈，谁让她那么不小心……"瞬间，青青火冒三丈，一下子就打开门冲到小刘面前说："不就是摔了一跤吗？瞧你这幸灾乐祸的样，没想到你这么爱在背地里讲人坏话！希望你以后别栽到我手上。"

同事们疑惑地看着青青，问小刘："她说的是啥啊？"小刘什么也没说就走了，青青也知道自己一时冲动说错了话，做错了事。

生活中有些人根本没听明白别人的意思就胡乱发表意见，结果张冠李戴、词不达意。听话听不准只会给自己招惹祸端，不听可能不会做错事，听错了就很可能会搞砸一件事。

只有听准了别人的意思，才能做出恰当的回应，不至于闹出笑话，更不至于惹出麻烦。

恰到好处的提问，更有利于倾听

倾听并非是闭上嘴巴那么简单，懂得适当的提问，更有利于交流的进行。我们可以想象一下，如果我们在诉说，而对方一声不吭，没有任何反馈，这样你还能淡定自若地说下去吗？你是不是开始怀疑对方是否真的在用心听自己讲话，或者觉得是不是自己讲得内容对方不感兴趣？

因此，如果我们是倾听者，除了要听对方诉说之外，还要学会给对方有些反馈，而恰当的提问很容易拉近彼此的距离。当然，提问并不是毫无原则的，更不能鲁莽。通常来说，很多人向你倾诉烦恼的过程，正是他整理自己情绪的过程。所以，你不要轻易打断他，一旦你打断他否定他的观点，对方可能顿时就失去了向你诉说的意愿。

那么我们什么时候进行提问呢，又要如何提问呢？

我们可以在对方倾诉告一段落的时候，试着给对方的话做个小结，比如"哦，原来是这样，你的意思是……但是……"如此提出你的疑问。另外，可以先对他的意思表示认同，然后委婉地进行提问。你先肯定对方，表示自己在情感上跟他产生了共鸣。在这个过程中，你也可以试探一下对方的真实想法。如果对方因为被情绪影响考虑不周，你贸然地否定只会让他更加心烦，并关闭对你敞开的那道心门。

另外在提问的时候，我们要注意以下几点：

不带着消极情绪去提问

例如，一个人工作经常出现失误，你如果总是毫无顾忌地问："你为什么总做不好呢？""你怎么就不行呢？"这无异于在批评对方，虽然良药苦口，但是这样说的话很难让人接受。我们为什么不能换个说法呢？比如"你能不能想到什么解决的办法呢？"相信对方在听到这些话的时候，之前的紧张心情也能得到了放松。而且，请不要对情绪低落的人说："啊，就这么结束了？按照你的能力不应该这么草草结束啊！"你应当在知道对方情况之后去激励对方，比如"这次失败太遗憾了，但是几个月前你的表现实在是太精彩了不是吗？尝试去找回那时的自信吧！"

人是感性动物，不论外表看起来多坚强，没有人对不愉快的事情能够真正做到无动于衷。因此你不要因为对方表现得很坚强，看上去满不在乎就毫无顾忌地提问，这样无疑是在伤口上撒盐。

当我们掌握话语权的时候，别忘了表现出一种谦虚的态度，如此一来沟通会愉快很多。

在提问的时候尽量不要出现"不"这个字眼，比如："别人都行，那你为什么不行呢？"这无异于是在责备对方，尤其是一些经验丰富的人往往会对初学者说出这样的话，不如换个方式说："如何才能把工作做到最好呢？"如此一来，对方也会积极地思考问题的解决方法，以及如何继续开展工作。总之，我们应当先接受那些或许并不太乐观的情况，然后再询问对方应当采取哪些补救措施。

当你从肯定的角度去提问的时候，对方也会顺着你的思路进行解答，更有利于交流的进行。

第九章

快乐工作，
做个出类拔萃的职场丽人

学会和工作"恋爱"，没人能阻止你成功的未来

视工作为乐趣，人生就是天堂；视工作为痛苦，人生就是地狱。罗斯·金曾说："只有通过工作，才能保证精神的健康；在工作中进行思考，工作才是件快乐的事。这两者密不可分。"可见，当你在乐趣中工作时，才会获得精神的愉悦。

工作为女人创造了更宽广的交际圈，使她们的心灵得以驰骋。在繁忙的工作中，人们进行交往、交流，以至交心，会形成情趣相近的交往圈，分享快乐、分担忧愁、学人之长、补己之短，使心灵得以舒缓、心理更加健康、生活更加充实。在工作和学习中，女人应该不断地加深自身修养，宽容、豁达、大度、善解人意、干练而又不失温柔。同样的相貌，同样的穿着，因为有了知识的内涵、内在的美的支撑而显现出女人高雅的气质和独有的魅力。

工作还使女人时尚。通过工作，女人能更好地接触社会，把握时代的脉搏，能与时俱进，享受精彩人生。

但不容忽视的一点是：步入婚姻的女人时常要面对来自职业和家庭的双重压力，时常会经历双重角色的强烈冲突。譬如，已经到了不得不考虑要孩子的年龄，然而生孩子却意味着你要跟自己的工作、自己的社会角色脱离一段时间，意味着你的发展会停滞一段时间。等你生完孩子回来之后，你可能不再适应自己的工作或者你的位置已经被取代，你的提升机会可能会被延误甚至被错过，你的老板可能不再欣赏你，等等。类似的问题可能经常发生，我们身陷其中，似乎无法看到出路。

其实，你完全不必把工作想得如此可怕。在许多层面上，工作是和爱情很相近的，你完全可以把工作当成爱情来享受。获得第一份工作时的欣喜若狂，和初恋是那么的相像，而对工作的狂热有时可以延续几天甚至许多年。

这时你会对自己说，这工作会让我赚到前所未有的报酬，与客户应对是多么有趣，我在这里可以学到这么多我所不知道的但新奇的事物。对工作保持的新鲜感经常让你精力充沛，你也因此感到快乐。

然而不久之后，虽然你依然热爱你的工作，可是你逐渐发现在现实里有难以克服的困难。当你进门时，所有的电话都在响；每件工作似乎都很难在"最后期限"中圆满完成。你开始厌烦起来，面对做不完的工作，你既不愿意早点上班，更不想加班，当初工作带给你的新鲜感正迅速地消退。

这就如同是进入了爱情的厌倦期，对工作你也开始感到厌倦。正如钟摆，你的心由喜悦的这端荡到失望的另一端，你开始注意工作上的不如意，负面情绪油然而生。然后你开始了"也许、或者、可能"的阶段："也许我到甲公司可以多赚一些钱，而且不会这么累！""或者我到乙企业可以更获赏识，那我就会变得快乐了！""到丙公司的话，我可能可以晚一点上班，又早一点下班吧！"

其实，这时出现负面、消极的想法不足为奇，最重要的是，你要能够再一次地荡回到快乐的一端。当工作中的厌倦期出现时，你必须持续、再次地专注于工作，才能重温初获工作时的喜悦心情。这时不妨借鉴一下恋爱时的经验，想一下自己是怎么在感情低潮时努力维系着两

人的恋情：也许你想起当年第一次约会的甜蜜，或者你感激恋人一贯温柔、体贴的付出。总而言之，你在回想当年的美好情景，而后把这份情感延续了下去。那么，在工作上，不妨也采用这种技巧，重拾工作最初带给你的悸动，想想当年你是怎么做到的，现在你也一定可以。把工作带给你的喜悦一条条列出来，再在日常的工作中把它们一个个捡拾回来。

学会和工作"恋爱"，用微笑来迎接工作中的每一天，这样每天都充满了希望和乐趣。如果一个女人上班时有这样的心情，对自己抱着如此的期许，那么没有人可以阻止你迈向成功。

把结果放在第一位，更容易取得好成绩

相对于男人而言，女人在工作中表现出来的特点是随意、感性、被动。要想把工作做好，这些都是需要克服的弱点，因为任何工作都是注重结果的，结果是衡量一个人工作是否出色的最重要的标准。

史美伦正是一位把结果放在第一位，并取得卓越成就的职业女性。

提起史美伦，一般人会觉得陌生，但在香港和中国内地的金融界，这可是个响当当的名字，是个让人肃然起敬的名字。

1993 年，英国老牌洋行怡和集团旗下有 5 家公司在香港上市，地位举足轻重，怡和要求优待，否则将撤离香港。时任香港证监会企业融资部高级总监的史美伦明确表态不予怡和特殊地位。后来怡和旗下公司撤离香港，改到新加坡上市。

此事之后的史美伦，让香港股民认识到了她的监管原则，铁血不讲情面的个性，同时因为有了这样严格而公正的监管，也让他们更加信任，更加放心地在股市交易。

1997 年她领导香港证监会同联交所共同推动打击黑庄，使当时的炒作风随之陡然下降。在打击黑庄的较量中，一度有人威胁她的生命安全，而她依然毫无畏惧，泰然处之。因此获得了香港证券市场"铁娘子"的美名。

2001 年 3 月起，曾经出任香港证监会副主席兼营运总裁的"铁娘子"史美伦，离开了工作 10 年的香港证监会，接受中央政府的邀请，出任中国证监会副主席，分管上市和融资监管工作。于是，她成为改革开放以来，第一位从海外聘请的"副部级"职别和年薪 500 万元的中央政府雇员。

香港的资本市场是一个比较规范的市场，史美伦曾是规范那个市场最为重要的人物之一。以铁血监管著称于香港证券业的史美伦，是那些玩猫腻儿的上市公司"最惧怕的管家"。

因此国内的人们希望她能和大陆的同事们一起，把香港的成功经验引进来，让中国的资本市场逐步规范起来，使其能在中国的经济中发挥更大的作用。就这样，史美伦就来到了内地。

在内地股市，史美伦延续了她一贯的风格，是她掀起了一场中国证券市场上史无前例的"监管风暴"。

她反复强调，要坚持"公平、公正、公开、公信"的"四公"原则监管中国股市；进一步改善上市公司的法人治理；加强中介机构的风险管理；进一步加大执法力度，时刻准备打击证券欺诈；加强对投资者的教育。

她还倡导实行巡查实名制。也正是在以她为代表的强硬人物的推动下，中国股市中很多在圈内已经见怪不怪的潜规则被逐步地端正了过来，一大批重大违规案件被调查和公布。亿安科技案、中科创业案、博时基金案、三九集团案、银广厦案等先后被调查和曝光。它们基本上是最为典型、影响最为恶劣的案件，这些案件被查处表达了证监部门加强市场规范建设的决心。有人不得不感叹，"铁娘子"的手段的确了得。

很多人都深感改革的复杂性，以及未来走向的不确定性会使改革变得异常艰难。然而，涉身其间的史美伦并不为之气馁，她说："很多事情是艰难还是容易，主要是看你有没有决心去做。"

尽管投资者的期望、股民的信赖、媒体的关注，这些都让史美伦感到了巨大的压力，可是都无法动摇她大力整顿和规范中国股市的信心。

2001 年 4 月上任伊始，史美伦便大刀阔斧地提出改革上市公司治理结构，使上市公司与大股东在人员、财务和资产上三分开，在关联交易、利益有冲突时用条例来规范公司行为。

随后，一系列监管规定相继出台。有统计显示，在史美伦上任后的 9 个月中，证监会出台了 40 多部法规条例和处罚决定，涵盖了上市公司、证券公司、证券审计机构、证券咨询业等，为有史以来证监会出台法规最多、最密集的时期。

在密集出台监管法规的同时，证监会对证券机构的调查也随之展开。在史美伦任期内，有 100 多家上市公司和 20 多家中介机构受到公开谴责、行政处罚，甚至立案调查。一系列轰动的大案相继被披露。

史美伦给人的印象是冷静、稳定、刚正甚至强硬，这都是一名优秀的监管者所必须具备的素质，这也是史美伦留给市场的形象。一向以铁腕著称的史美伦，似乎从来没有流露出她非刚性的一面。

身为女性监管者，史美伦并没有感觉自己的性别有什么特别之处。对于大家特别的关注，史美伦认为这与个人性格有关，"我对很多事都可以看得开，做事最重要，结果更重要。"史美伦的一句习惯用语就是"I look at results"（我看重结果）。

注重结果你就能期待一个理想的结果，这是做事情、干工作的一条铁律，女性朋友如果欲在工作上有所作为，尤其应该遵循这条铁律。

女人，请鼓起勇气，挑战你的人生

❋

工作当中，我们要勇敢地去做自己想做的事情，用强烈的责任感去迎接一个又一个的挑战。只有勇于挑战工作中的难题，勇于将自己的目标付诸实践，才是对自己的人生充满责任感，才会使自己逃脱安逸的环境，实实在在地做出成绩。

仔细想来，女人为什么不去挑战？因为你怕，怕失败、怕失去，还怕被拒绝，所以你会安于现状，这样的生活是你想要的吗？我想不是，因为时日久了，你会感觉到不满与失望。为了摆脱这种局面，你要勇于挑战，不要让软弱将你完全包裹。因为你不喜欢将没有勇气、畏首畏尾、胆怯懦弱这类的词汇，用在你身上。女人，请鼓起勇气，挑战你的人生。

一个人，只要勇敢前进，不断追求、尝试、学习新事物，即使没有达到目标，没有取得成就，你的人生也是值得自豪的，因为你挑战过、努力过，因为你的人生有方向，你在成长，你的每一天都过得很有意义。这些就已足够，是你一笔不小的收获。

你的使命永远指引着你向前方迈进，当你在追求它的时候，它会得到发展，可是你永远不可能全部达到它。因为它是能够激励你自我拓展、自我要求的要素，是它们让你不断地成长、改变、进步。

回顾过去，在班级争第一，是你曾经的梦想。当你步入社会，不想永远给别人打工，你想做自己的老板，可是你具备当老板的素质吗？你从不去迎接挑战，坐等着机会来光临你，是不行的。只有积极进取、不断把握机会的人才能抓住机会，而守株待兔，机会是永远不会光临的，只能勉强地维持着温饱而已，或许还是饥一顿、饱一顿。

公司中大多数员工不敢挑战，他们拥挤在晋升大道上，四平八稳地走着。这条路虽然平坦安宁，但距离人生风景线却迂回遥远，他们永远也领略不到奇异的风情和美好的景致。平平庸庸、碌碌无为、淡然无味地过了一辈子，当走到生命尽头的时候还没有享受到真正成功的快乐。他们只能在拥挤的员工队伍中争得一席之地，仅仅是为了保住工作而与别人的关系冷漠至极。他们的内心从来没有安宁过，他们的内心从来没有感觉到安全，因为与此同时，他们同样要承受上司的苛责，他们仍然要承受失败，承受被人抛弃的风险。这样的人生，是你想要的吗？

富兰克林曾说过："永远不犯错，正是什么也做不成的原因。"

如果你真正学到了勇于挑战、勇于冒险的精神，你就能够比现在做得更好。在挑战的这个过程中，你会从平淡的生活中走出来，过一种更加激动人心、充满激情与挑战的生活，它会激励你永远向前，不断超越自我。

定时为自己充电，女人的职场生存之道

在竞争激烈的职场上，一纸文凭的有效期是多久？当你必须向别人出示你尘封已久的证书时，你是否会怯场，感到没有底气？为了让自己不至于被时代的车轮碾碎，就需要不断充实自己，掌握新知识，淘汰旧知识。这才是女人在职场里的生存之道。

或许当你拿到金灿灿的学历时，曾经还是可以傲视群雄的。可劳碌几年后，猛抬头，才发现知识和技能的发展日新月异，学历飞速"贬值"，眼见着学弟学妹们揣着硕士、博士学历，意气风发地加入到自己的行列中，使自己在诸多方面受到限制，如加薪、升职的机会等，你不自觉地就会有种"时不我待"的紧迫感……

是的，在如今藏龙卧虎、新人辈出的职场之中，如果你想单靠原有的一张文凭、一种技能在职场立足已几乎不可能。你必须居安思危，不断充电，学习掌握新知识和新技能，才能让自己"不贬值"，才能让自己在职场中时时拥有竞争力，永远占据一席之地。

当今世界是信息时代，每天出版的图书、报刊及科学发明创造成果成千上万，而人不可能一劳永逸，以不变的职业知识结构，去应对万变的职业生活现实。况且，人的知识淘汰率也惊人的高，一个大学生所学的知识，在毕业 10 年后，有用的就仅剩 20%。可见，更新和补充知识是伴随人生全过程的活动。一个职业女性，必须时时地进行自我"充电"，学会不断地掌握新技术来改进和发展自己的职业生活，以保证自己始终在激烈的职业竞争中立于不败之地。

既然我们热爱所从事的职业，希望在这个岗位上工作下去，那么，我们就必须更加勤勉，通过主动自觉的学习，不懈地发展和完善自身素质，其中包括决策、创造、交际能力及分析、评估、综合和归纳事物本质的能力，等等。这些基本素质可以使你的工作与你的人生融为一体。

自我"充电"的内容应包括以下几个方面：

第一，加强职业道德修养。也许你并没有认识到这一点：职业道德修养是职业活动的基础，也是自我完善的必由之路。它是从业人员根据职业道德规范的要求，在职业意识、职业情感、职业理想和行为等方面的自我教育、自我培养、自我锻炼和自我改造，它可以提高自己的道德素质，不断克服损人利己思想、雇佣思想和平均主义等旧的职业意识。可以说，职业道德修养的过程，是自己在职业道路的阶梯上不断攀登的过程。

第二，不断学习科学文化基础知识。在当代科学技术日益成为生产力重要因素的情况下，缺少文化技术知识，不可能成为一个合格的职业女性。即使大学毕业了，有了职称和工作业绩，也只能代表过去。每个人在职业活动中的能力，基本上取决于其对高新技术知识的掌握和运用程度。

第三，注重提高职业操作技能。任何职业活动都是由一定的职业操作技能联结成的。提高职业操作技能就等于提高了职业活动能力。个人可以通过学徒、实验、参加比赛等形式，不断提高本职业的基本操作技能，并达到较高的熟练程度，顺利地完成本职工作任务。

第四，掌握职业生活技巧。任何一种成功的职业活动中，都包含着

职业科学艺术成分，如人们怎样进行职业保健，怎样能成才，怎样能排除职业生活中的种种困扰等，都存在方法和技巧问题。懂得技巧就可能使职业生活变得丰富而有活力，否则，就难免走弯路，甚至导致职业生活失败。由此观之，我们不能忽视对职业生活技巧的学习和运用。良好的技巧能够弥补很多缺憾和不足，有助于女人在理想的职业领域大显身手。

总之，无论是拿出专门时间去深造，还是在工作实践中不断学习，通过基础和后续坚持不懈的努力，都能使那些有心的职场女性不断适应变化的环境，最终拥有纵横职场的能力。

下篇
会做人

———做个有度量的女人，
　　人生处处有春风

冰心曾说："世界上若没有女人，这世界至少要失去十分之五的真，十分之六的善，十分之七的美。"世界因为女人而变得更加多姿多彩。在平凡的生活中，女人应该学会有智慧地做事，有激情地做人，有分寸地处世，如此我们才能够发挥自己最大的潜能，才能从容穿越生活的风雨，迎来幸福的生活！

第十章

气质优雅，
聪慧女人的处世资本

你可以不天生丽质，但你一定要气质优雅

曾经看到过这么一段话：

女人可以不漂亮，但不能没有味道；可以没有高学历，但不能没有知识；可以没有金钱，但不能没有自尊；可以没有力气，但不能没有善良；可以没有权威，但不能没有道德修养。只有懂得不断修养完善自己的女人，才能优雅地到老。

温克尔曼在自己的《希腊人的艺术》中曾经这样说："优雅是一种天国的恩赐……它包含在心灵的单纯与宁静之中……它赋予人的一切行为和动作以愉悦感。"

优雅是形容女人气质好的常用词。优雅，从字面上理解即"高尚、不粗俗"之意，从另一个角度去理解有"出类拔萃"之意。如果要问优雅究竟为何物，从某一方面去理解，它应该是一种气质，一种脱俗的气质，一种高贵的气质。

她被《时代周刊》称为"仿佛一颗精雕细琢的钻石"，她一生留下了31部经典影片，她的独特风姿转变了人们的审美观，她的优雅给世人留下了深刻的印记，成为一个永恒的传奇。她说："优雅，是唯一不会褪色的美。"

她自幼酷爱芭蕾舞，希望自己能成为一名芭蕾舞演员。只可惜因为

当时局势原因，让她放弃了自己喜爱的芭蕾舞事业，转而成了一名时装模特儿、歌舞女郎。在她这里，称职的演员并不是演戏，而是要生活。要根据角色的个性需求，真实自然地表现出来。

就这样，她凭借着优雅的气质和脱俗的容貌，引起了影坛的注意。

后来，她参演了《罗马假日》，饰演公主一角。这个角色让观众认识了这位优雅脱俗的女孩，让人看了念念不忘，为之倾倒。她，就是奥黛丽·赫本。

赫本几乎成了优雅的代言人。她时而高雅俏丽，时而无邪烂漫，时而富足华贵，时而魅惑圆滑。她的一举一动，深受世界亿万男性的仰慕，深受亿万女性的模仿。

在做人方面，赫本也把她的优雅发挥到了极致。拍摄《偷龙转凤》时，为了感谢导演惠勒的知遇之恩，她主动提出减少酬金，这一举动在影视圈内是弥足珍贵的。比特·怀德曾夸赞她："赫本展现的是已经消失远去的品格，比如高贵、优雅和礼仪。"她喜欢慈善，曾多次往返非洲开展慈善救助活动。她逝世时，伊丽莎白·泰勒感言说："天使已经回天国去了。"

赫本晚期，居住在瑞士的一个小镇上，若非特殊需要，她从不化妆；不戴珠宝，把之前的很多珍贵衣服送人；她喜欢穿合身的衬衫、牛仔裤；喜欢在花园里待上一天；喜欢美食，但不会过度；喜欢购买瓷器和餐巾；喜欢在花园里招待朋友……赫本的优雅在于她全然的自我、独立、自重以及尊重别人。对于优雅，泰戈尔曾说："每一个优雅女人的存在都是上帝在提醒我们，这世间还有希望。"而赫本对于优雅的解读则是："优雅形之于简单，而不是展现繁复和奢华。"

优雅的女人是世间难得一见的珍珠，简单是她的形状，真实是她的光芒。

美丽的容貌如同一朵花，总会有凋零之时。而人的气质所带来的美感是与日俱增的，它不会因时间的流逝而荡然无存，它总是随时随地自然地流露出来，往往具有永久的魅力。那是一种神韵与情致的结合，是女人智慧的体现。对于女人来说，优雅的气质远比长相重要得多。

女人的优雅之美是充实的内心世界、质朴的心灵的真挚表现，能产生有形或无形的强烈感染力。优雅之美要求有优美的身体和质朴的心灵作载体。质朴是一种自我认识、自我评价的客观态度，质朴的女人总是善于恰如其分地选择表达自身风情韵致的外在形态，使人产生可信的感受，她们就是她们自己，她们不试图借助他人的影子来炫耀自己、美化自己。所以，她们的优雅之美，往往是一种质朴之美。

真挚，是一种诚实、真实、踏实的生活态度。真挚的女人对人对事不虚伪，不狡诈，又肯于给人以诚信。真挚的女人，对自己的优雅之美既不掩饰也不虚饰，对他人美的优雅既不嫉妒也不贬斥，而是泰然处之，使人感受到一种真正的潇洒之美。

优雅的风度是内在的素质形之于外表的动人举止。这里所说的举止是指工作和生活中的言谈、行为、姿态、作风和表情。实际上，良好的风度需要一个强有力的后盾支撑着它，这个强有力的后盾就是丰富的知识和才干。风趣的语言、宽和的为人、得体的装扮、洒脱的举止等，这些无不体现着一个人内在的良好素质。

生活中，能够被称之为优雅的女人往往是一道风景。那由内而外散发出的优雅气质足以迷住身边的每一个人，她的气质吸引的不仅是男人，也同样吸引女人。光阴会把每个人的外形弄得面目全非，但优雅是心灵宁静和生活的化合物，和年龄无关，和身份无关，和地位无关。一个优雅的女人，哪怕她老得就剩一把骨头了，优雅还是能从骨子里透出来。

　　请记住，要想拥有优美的嘴唇，请多说亲切的话语；要想拥有一双可爱的眼睛，请多看看别人的长处；要想拥有苗条的身材，请把你的食物分给需要的人；要想拥有一头美丽的长发，请让小孩子抚摸你的头发；要想拥有优美的姿态，请记得走路的时候，行人不止你一个。

良好的第一印象，展示魅力的女性风采

在人际交往中，根据交往的深浅程度，我们将人的形象分为三个层次：对于那些只知其名未曾见面的人来说，一个人的形象主要与他的名字相关；对于初次相见只有一面之交的人来说，他的形象主要和他的相貌、仪表、风度举止相关；对于那些相知相交很深的人来说，他的形象更多的是与他的品行、文化、才能有关。可见，第一印象是由人的相貌、仪表、风度举止等综合因素形成的。所以，留给别人良好的第一印象，是成功的前提，因为交往的第一印象具有"首因效应"，并会形成较强的心理定式，对以后的信息产生指导作用。

因此，作为一个女人，对自己给人的"第一印象"应予以高度重视，要充分利用"首因效应"，不仅仅懂得依靠漂亮的五官、健美的身段及得体的服饰等这些表象的东西，更要以优雅的举止、熟练的礼仪作为手段，对自身的形象精心设计，展示自己充满魅力的女性风采。因为只有二者的结合才使人更有教养和风度。

假如一个女人天生丽质、貌若天仙，如果她整日浓妆艳抹，全身名贵饰品，充其量人们只会承认她阔绰，而决不会称道她的品位。一个女人如果讲究礼貌、仪表整洁、尊老敬贤、助人为乐，而她的一言一行也与礼仪规范相吻合，人们定会对她的教养与风度大加赞美。

一个行为有度的女人，会让他人觉得舒服；而一个谈吐不俗的女人，更会让他人如沐春风。这些良好的感觉不是建立在一个人的着装如何名贵、如何华丽之上，它完全源自于女人对待他人、他物的态度。

如果一个女人只能做到金玉其外却胸无点墨，那就只是个绣花枕头。这样的女人也许可以给人留下一个美好的第一印象，但却无法将这种好印象持续下去，甚至可能在开口的一瞬间就将它破坏殆尽。如果一个女人有很好的外在形象，又举止文雅，言行得体，必定赢得每个人的赞许。

我们经常会听到一些女人抱怨生活中有很多不幸，男人多么可恶和无情，很少有女人会反省自己的问题。当疲惫了一天的男人回家后，看到一个邋邋遢遢的爱人，那些恋爱时期的心情还可能会存在吗？

其实，无论是在银幕上还是在真实的生活中，让人着迷的往往不是漂亮的女人，而是那些得体优雅、懂礼仪、有教养的女人。讲究仪表修养的女人才会具有高贵的气质，温柔典雅的女性才能散发迷人、妩媚的气息，彬彬有礼的女人能使自身的美焕发出一种特殊的力量，而这一切是雅致和谐和仁爱的集中体现。

一个女人的魅力，包括了她日常生活的全部，一举手、一投足、一颦一笑都以仪表和仪态的形式表现着。为什么漂亮的女人随处可见，而举止优雅、仪态万千的女人却很难看到呢？那是因为美貌可以借助美容和外科手术刀塑成，而礼仪素养的培养却需要用一生去坚持。

那么就从现在开始，学习做女人的礼仪，会养成令你受益终身的习惯。学会审视自己，有了改善的决心，任何一个人都有机会成功，让我们记住以下几点，做一个成功而又让人喜爱的女人。

1. 自我肯定

自我肯定是由内至外散发出的一份自信，绝不是孤芳自赏，更不是自恋，这份信心能令女性在为人处事上从容、大度，不陷入世俗的旋涡中。自我肯定的主要内容是自我欣赏。

得体的装扮、优雅的举止、丰富的见识，这些无一不透出女性高贵的气质和迷人的魅力。能正确自我欣赏的女性，大多受过良好的教育，聪明灵慧、出类拔萃，既不会盲目自卑，也不会盲目自大。

懂得自我肯定的女性光彩照人、落落大方。但灿烂的笑里仍有一种高贵的气息，让男人们在仰慕的同时又有些敬畏。须注意的是自我欣赏不能过火，更不要堕落成自恋狂。要知道，一个真正高贵的女性，仅仅拥有高贵的外表是远远不够的，它更需要坚实的内在因素做后盾，这就是良好的文化修养。

2. 充实自己

现代社会是知识快速更替的社会，新知识以极快的速度取代旧知识，如果不及时摄取营养，你很快就会变成一个"营养不良"的"生锈"女性。

"摄取营养"的方式很多很多，不只是单纯地看书、学习。比如上网浏览、交流，欣赏一部出色的电影，经常翻阅一些出色的报纸杂志，学学电脑和英文。只有不断"加强营养"，女性才能在绚丽的生活中游刃有余、潇洒自如，生活也将因此更加丰富多彩。

要注意的是：只能让"营养"丰富自己的气质，切不可"营养过剩"使自己成为一个学究气的古板女性。

3. 打扮自己

气质好的女性绝对是个懂得打扮自己的女性，因此，从头发的样式、护肤品的选用、服饰的搭配到鞋子的颜色，无一不需要细心地经营。从头到脚的细致，当然是需要花很多的时间和心思的，因此，要想做有高贵气质的女性就必须从做细致的女性开始。可别小看了细致，也许仅仅因为指甲油的颜色不合适而导致你前功尽弃。男人们说过，对一张细致的脸说话要比对一张粗糙的脸说话耐心得多。尽管男人说出这样的话使大多数女性不满，但这又确实是不争的事实。因此，女性的脸部呵护是极为重要的。护肤品的选购和应用绝对不能偷懒，因为它关系到女性的"面子"工程。

打扮自己不单是一种美化自身的行为，也是净化心灵的一种极重要的方式，同时，对减压也有一定的效果。因此，要成为具有高贵气质女性的第一要点是忙中偷闲的生活方式。但应注意，打扮贵气的要点在于精致中不露痕迹。装饰一定要恰到好处、点到为止，千万不可弄得一身"矫揉造作"之气。

保持你的原色，做独一无二的自己

同为名山，华山险，泰山雄，黄山奇，峨眉秀。"险""雄""奇""秀"，即是其不同的个性——因为个性，所以独特，所以珍贵，山如此，人亦然。每个女人都有属于自己的优雅，无须去模仿他人的模样，也无须去艳羡别人身上的华装，更无须去追随所谓的流行趋势，那样反而会失去本真的自己，变得庸俗起来。

但现实中，很多女人都意识不到这一点，她们往往会忽视掉自己最特别的味道，放弃了本身最高贵的清雅，而被世俗的攀比和诱惑牵着鼻子走，从来没有活出真正精彩的自己。

没有个性的花，单调；没有个性的树，普通；没有个性的风景，无趣；没有个性的人生，无味……女人若没有个性，失去自我，丝毫没有独特之处，那么于茫茫人海中看去，也只是无数个相同的人中的又一个人而已，不管容貌多么漂亮，也不管衣服多么华丽，永远只能是一种没有思想的装饰，又何谈与众不同？又何谈活出属于自己的精彩人生呢？所以，女人要懂得爱自己，要保持自己的本真，活出与众不同的人生。

在这方面，著名的世界级女影星索菲亚·罗兰就非常值得我们学习，而她的成功也说明了女人欣赏自己、保持自己个性的本真是多么重要！

在索菲亚·罗兰 16 岁刚迈入电影业时，她就受到了导演和摄影师的一致否定和反对，理由是她鼻子太长、臀部太大，无法拍出美艳动人的效果。甚至导演告诉她要想在电影业有一番作为、闯一片天地，就必须对自己的鼻子和臀部动手术。

但索菲亚·罗兰很坚定地拒绝了导演的建议和安排，她说："相比那些五官端正、相貌出众的已经成名的女演员来说，我的脸的确与众不同，但我为什么非要长得和别人一样呢？也许我的鼻子单看不好看，但它和我的其他五官组合起来却让我的脸更有魅力和个性呢！至于我的臀部，不可否认、它确实发达了一点，但那也是我的一部分。我希望可以永远保持本真的自我，我什么也不愿改变。"

后来，正是索菲亚·罗兰这种保持、接纳并欣赏本真自我的性格使得她在电影业取得了不菲的成就，顺利跨入了世界级女影星的行列。

无论好坏，女人都应保持自己的本色，坚持自己的个性。女人的个性就是特点，特点就是优势，优势就是力量，力量就是美——这种由独特的本色和个性所创造的美，其本身就是女人独一无二的气质与内涵的表现。

世界上所有珍贵的东西，都是不可仿制的，是绝无仅有的。作为女性大家族中的一员，每个女人都是这个世界上独一无二的。女人只能做自己，做一个由自己的家庭、环境和学识修养造就的自己——唱属于自己的歌，画属于自己的画，过属于自己的精彩生活，在人生青史上留下属于自己的一页，照亮后人的眼睛！

所以，一定要记住，尘世中，每个女人都有属于自己的一抹芬芳和独特味道，那就是自身所散发出来的、自然而然映入他人心中的一种感觉，哪怕是一张素颜的面孔、一个浅浅的笑容、一句温柔的话语、一身简洁的衣服、一个优雅的姿态，都会贴上自己独特形象、独特气质、独

特内涵的标签。但若因世俗的眼光或是外界的诱惑而迷失了自己，使得本属于自己的芬芳不再、味道大变，给人的感觉也就变了。或许，最初最真的美好便也失去了……

所以，从这一刻开始，女人要懂得爱自己，要善于挖掘并坚持自己的这些独特。当它们已经潜移默化地与自己的个人风格相融时，就是你个人魅力形成的时候。魅力是一种动态、一种感染，当你独特的美已经固定地驻扎在自己身上的时候，你所散发出来的个人气质，就是一种魅力。而当你的个人的、独特的美，能够穿越你的相貌衣着、言谈举止而深入感染着别人的灵魂的时候，你一定是一个魅力四射的人。

涵养是女人美丽的底色

❧

女人一定要有涵养，就像男人一定要有宽广的胸怀一样。在这一点上，职场女性由于有着工作和人际关系的原因，通常都做得很好。

有涵养的女人由内而外都散发着一种高贵、优雅的气质，不论在什么场合都不会由着自己的性子来，好的涵养可以让她们克制自己的不满，冷静下来理智地解决问题，而不是摔门而去，冲动之下，失去本该拥有的机会。涵养是所有女人美丽的底色。

小雅是公司的财务总监，聪明漂亮，老公自己经营着一家公司，两人是大学同学，十分恩爱，绝对的事业爱情双丰收。

一次，她和同事逛商场时，发现自己的老公搂着一个和自己女儿差不多的小女孩谈笑风生，小雅当时很没面子，真想冲上去给老公和那个不要脸的女孩两个耳光。

老公看到她也愣了。然而小雅却平静了一下，走到老公面前，说："嗨，逛街呢，继续！"说完优雅地走了。事后才知道原来那是老公同学的女儿，他同学由于出国不在家托他照顾女儿。小雅庆幸自己当时没有冲动，老公也开玩笑地说："小样儿，看不出来挺镇静呀，不过谢谢你！没有让人家见识到你这位'醋劲十足'的阿姨的厉害！"

作为女人，不要总指望自己的每次付出都能够得到回报。生活中充满着诸多的无奈，有些目标并非努力了就能达到。偶尔给自己找个借

口，给自己一点宽容，学会用理智控制情绪。理智给女人带来的是智慧，智慧让女人把握住了自己。如果女人能够拥有深厚的涵养、非凡的气度，就能在今后的生活中得到更大的回报。

什么是涵养？涵养就是控制情绪的能力，而并非软弱。所谓软弱是指无条件的屈服；涵养是指有原则的谦让，指身心方面的修养功夫。相信很多女人会经常陪着你的他参加会议、聚会，在社交场合如果你能给他争来极大的面子，那么相信你的他会更加在乎你、更加欣赏你的。

在参与社交活动时，必须注意仪表的端庄整洁，适当的修饰与打扮是应该的。女人外表固然很重要，但女人真正的魅力要靠内涵透出的一种让人信服的内在气质来体现。女人味是女人至尊无上的风韵——一个女人长得不漂亮不是自己的错，但没有内涵就是自己的问题了。

女人如何让自己在任何场合都保持着一种优雅的涵养呢？

1. 多读书

书，使女人的生活充满光彩，使女人有正确的思想；书，能净化女人的灵魂。因此读书的女人看起来都是很有修养的，那种内涵可持续她的一生。

2. 练就大的肚量

就算生气了也要扬扬嘴角。斤斤计较的话一出口，别说是涵养，就连教养都会丢掉。

3. 不要穿得花枝招展

在选择服装时，应该精心地挑选，慎重地对待，要根据自己的年龄、身材、职业特征去合理地搭配，这样才会给人以耳目一新的感觉。有品位的服装也会时刻提醒你注意自己的身份和仪表。

女人，不能因为性别的优势就得寸进尺，那样反而会让你失去别人的尊敬，随时保持应有的涵养，才能让你对周围的一切尽在掌握中。

成功的女人必有成功的气质

✤

　　"做一个成功的人，仅有一个符合逻辑的大脑是远远不够的，还要有一种成功的气质。"《红与黑》的作者司汤达这样教育后人。

　　女孩真正的魅力主要表现在她特有的气质上。外表的美总是最初的、静态的、肤浅的，也总是短暂的，似天空中的流星，倏忽即逝，没有生命力。光靠美丽的脸蛋、窈窕的身材，而胸无点墨，只能称之为"金玉其外，败絮其中"。

　　现实中，再漂亮的女孩，如果没有高雅的气质，也是一朵几近枯萎的鲜花，一潭永久不流动的死水。相反，天生并不漂亮的女孩，一旦插上气质的翅膀，神采便会立刻飞扬起来，乃至明眸顾盼，楚楚动人……

　　只有"万绿丛中一点红"的气质才是成功、丰满、有魅力的气质，假如"千人一面"，绝无独立气质可言，同样也不会有吸引力。

　　现代社会是一个个性张扬的社会。适度张扬个性的气质在某种意义上已成为个体获得更多更好的发展机遇的"法宝"。"是金子总会闪光的"，这句话用在现代社会已经有些过时。快节奏的社会生活，日新月异的变化，社会空间的日益扩大和丰富，人们交往的对象也空前多样而复杂，而社会的注意力资源是有限的，人们的目光往往会锁定在那些气质独具个性特色的人身上。自诩"肚里有货"而不注重个性气质塑造的人，往往会沉寂在人们的视线之外。个性气质对个体的意义是全面性的，从交友、恋爱到婚姻、职业等方面，善于塑造个性气质的人无疑将占得先机。

我们都很熟悉的香港金牌主持人——肥肥，可以说她拥有许多女性都无法接受的身材，但她并没有因此而悲观绝望、自叹自怜，而是乐观豁达地面对现实，把自己活泼可爱的一面淋漓尽致地展现出来。一直以来，她的发型是洋娃娃式的小卷发、服装风格是公主裙，背心饰有蝴蝶结、小花朵等颜色明快的少女式风格、甚至眼镜都是蝴蝶型的，正是因为她懂得挖掘自己的个人魅力和风格，并将它保持，直至成为她自己的标志。而事实证明，她的努力成功了，她活泼可爱的气质定位被广大电视观众接受并越喜欢。

我们每个人都有属于自己的独一无二的优点和气质，问题是你能不能充分将它挖掘并展现出来。

气质培养，首先得决定在气质的多面体中究竟要突出哪一面，或者说，如何挑选出那"最具个人魅力"的局部气质？这得考虑自身、竞争对手、目标公众三极的综合平衡。

在现实生活中，有相当数量的女性只注意穿着打扮，并不怎么注意自己的气质是否合乎美的标准。诚然，美的容貌、入时的服饰、精心的打扮，都能给人以美感。但这种外表的美总显得浅淡、短暂，如同天上的流云。如果你是有心人，则会发现，气质给人的美感是不受年龄、服饰和打扮的制约的。而且真正的美是来自于你的气质。

气质美看似无形，实为有形。它是通过一个人对待生活的态度、个性特征、言语行为等表现出来的。气质美还表现在举止上。一举手，一投足，待人接物的风度，皆属此列。朋友初交，互相打量、立刻产生了好的印象，这个好感除了言谈之外，就是举止的作用了。举止要热情而不轻浮，大方而不造作。

第十一章

心胸宽广，
做个宽厚包容的睿智女人

唠叨是毒药，能毁灭幸福

我们常常听到自己的妈妈或者别人家的阿姨每天不停地数落自己的孩子和老公，这让你觉得不可理喻。可是当你步入婚姻后，就会逐渐发现自己也变得爱唠叨了，为什么呢？

结婚前，很少有女人爱唠叨，因为那时的她们比较轻松，根本不用担心家庭问题、孩子问题，轻松的生活让她们心中充满了理解和宽容。可结婚之后，在沉重的生活负担和种种责任的包围之下，女人的包容心和善解人意开始被消磨殆尽，她们便开始爱唠叨了，尤其是一些上了年岁的女人。

青春的流逝让她们倍感伤心与无奈。同时，在生活、工作中力不从心的感觉也让她们焦躁。偏偏她们的苦恼又得不到别人的理解，比如挣扎在社会夹缝里的丈夫和正处于叛逆期的子女。在这种情况下，她们只有通过不断地重复自己的观点，来吸引人们的注意，直至这种方式成为一种习惯。

大多数女人通常不承认自己的唠叨，而是认为自己在生活中扮演的是"提醒"的角色——提醒男人完成他们必须做的事情：做家务，吃药，修理坏了的家具、电器，把他们弄乱的地方收拾整齐……但是，男人可不是这样看待女人的唠叨的。

女人总是责怪男人不该把湿毛巾扔在床上，不该脱了袜子随手乱扔，不该总是忘了倒垃圾。女人也知道这样做很容易激怒对方，但她认为对付男人的办法就是反反复复地重复某条规则，直到有一天这条规则终于在男人的心里生了根为止。她觉得她所抱怨的事情都是有事实根据的，所以，尽管明明知道会惹恼对方，还是有充分的理由去抱怨。

看看男人的感受吧：在男人心里，唠叨就像漏水的龙头一样，把他的耐心慢慢地消耗殆尽，并且逐渐累积起一种憎恶。世界各地的男人都把唠叨列在最讨厌的事情之首。

所以，一个爱唠叨的女人，对整个家庭来说都是噩梦。试想当疲惫的丈夫回到家里，便陷入毫无头绪的抱怨和痛苦之中，而这时他最想做的，就是蒙头冲出家门。而年轻活泼的子女，更不能忍受你的唠叨，就算他们真的很爱你，但是大量的激素会使他们做出更让你伤心的反应来。

那么，聪明的女人们，如果发现自己在不知不觉中变得爱唠叨，特别是家人开始对自己有不满情绪时，就要引起高度重视，这表明你需要学习一下家庭沟通艺术。

1. 不要重复说同一句话

训练自己把话只讲一遍，然后就忘掉它。如果你必须很不耐烦地提醒你的丈夫六七次，说他曾经答应过要一起去做某件事。如果他现在已经在做了，你就不用再浪费唇舌多说几遍了。

2. 说话时要找好时机

傍晚时分，在一家人身心都很疲倦的情况下，唠叨会成为家庭矛盾的导火索。聪明的主妇会创造一个温煦的港湾来接纳家人，夫妻间的矛盾到了卧室再谈，就会缓和许多。

3. 培养自己宽容幽默的态度

如果你对芝麻大小的事也会生气，早晚会精神崩溃。所以要学会用宽容幽默的态度对待生活中不如意的事，而不是整天紧绷着脸。更别为一些微不足道的芝麻小事，而将爱情变成了怨恨。

千万记住，你不可能用唠叨的话套牢一个男人，这样做的结果，只会是破坏他的心情和精神，而毁灭的是你自己的幸福。

少计较的女人更快乐

善解人意、宽容大度、胸襟开阔是好女人所具备的品质。现代女性高品位、高质量的生活追求决定了她们一般不会在小事上斤斤计较，她们目光远大、心境开阔，是气度、风度的一种体现。

现代女性做事不斤斤计较，总是有能力把复杂的事简单化，简单的事单一化。用一颗平常的心热爱生活，无欲无求，宠辱不惊，这何尝不是一种快乐，不是一种满足，不是一种超然？

或许你会说"站着说话不腰疼"，但是，在人生中，有那么多无能为力的事——离你而去的人、流逝的时间、没的选择的出身、莫名其妙的孤独、无可奈何的遗忘、永远的过去、别人的嘲笑、不可避免的死亡、不可救药的喜欢……与其悲啼烦恼，何不一笑而过？

记住该记住的，忘记该忘记的，改变能改变的，接受不能改变的。能冲刷一切的除了眼泪，就是时间，以时间来推移感情，时间越长，冲突越淡，仿佛是不断稀释的茶。

如果敌人让你生气，那说明你还没有胜他的把握；如果朋友让你生气，那说明你仍然在意他的友情。有些事情我们无法控制，只好控制自己。也许有些人很可恶，有些人很卑鄙。而当我们设身处地为他着想的时候，才知道：他比我们还可怜。所以请原谅所有你见过的人，好人或者坏人。

说来奇怪，女人的心胸具有极大的伸缩性，这大概也算是世界之最了吧。女人的心可以宽阔似大海，也可以狭小如针尖儿。生活中，相当一部分女人的心胸比较狭小。但是，这有其深刻的社会历史原因：一是长久以来的社会分工。母系氏族社会崩溃后，由于生理方面的原因，女人的活动范围被限定在了较小的空间内。二是漫长的封建社会对妇女的歧视。几千年的封建社会给女人制定了许许多多苛刻的行为规范：女人必须足不出户，女人必须笑不露齿，女人必须循规蹈矩，女人不能够上学受教育，女人必须在家从父，出嫁从夫，夫死从子。说不清从什么朝代开始，女人还必须包裹小脚。女人的思维和行动范围被严格规范在了庭院以内，女人视野的狭窄决定了其目光的短浅和心胸的狭小。

心胸狭小是很多女人的致命弱点。从小处来说，心胸狭小不利于建立和谐温情的家庭关系，不利于形成良好融洽的人际关系，不利于身体和心理的健康。从大处来说，心胸狭小不利于女性家庭地位、社会地位的提高，不利于女性的彻底解放，不利于女性在事业方面的进步和发展。

现代女性知道如何去做一个心胸开阔的女人。她们会站得更高一些，扩大自己的视野。当我们近距离盯住一块石头看的时候，它很大；当我们站在远处看这块石头时，它很小；当我们立在高山之巅再来看这块石头，已经找不到它的踪迹了。有了更宽广的视野，就会忽略生活当中的很多细节和小事。

现代女性会努力学习，做生活和事业的强者。嫉妒总是和弱者形影相随，羸弱而不如人，便会生出嫉妒他人之心。女人应当自尊自强，用自己的努力和能力去证实和展示自己。女人为什么不能像男人那样也成为一棵大树呢？

现代女性应学会正确的思维方式，学会宽容别人。和丈夫发生不愉快时，多想想丈夫对自己的爱；和朋友发生不愉快时，多想想朋友平时对自己的帮助；和同事相处不愉快时，多想想自己有什么不对；看别人不顺眼时，多想想别人的长处。

现代女性会设身处地替别人考虑，遇事情多为别人着想，关心和帮助他人。现代女性会加强个人修养，主动向身边优秀的人学习，善于取他人之长补自己之短，培养独立和健全的人格。另外，现代女性应多参加健康有益的社会活动和文娱活动。

心胸开阔、性格开朗、潇洒大方、温文尔雅的女人，会给人以阳光灿然之美；雍容大度、通情达理、内心安然、淡泊名利的女人，会给人以成熟大气之美；明理豁达、宽宏大量、先人后己、乐于助人的女人，会给人以祥和善良之美。聪明的女人，知道如何去做一个心胸开阔的女人。

悦纳自己才能更好地包容别人

　　每个女人因缘而来到这个世界，以不同的方式展示着各自的美好。无论我们本身具有什么，我们都应该是他人所无法取代的一个完整的生命体。只有能够很好地悦纳自己，我们才能更好地去包容别人。

　　美国著名心理学家卡尔·罗杰斯认为，当人类从婴儿成长为成人时，一种裂缝在内心逐渐发展起来，这种裂缝使我们当前的认知与我们自身更深层的"经验"分裂开来。为了获得赞赏和爱，我们学会了压抑自身的一些情感和表达，而这些注定是不会被我们生活中的重要人物接受的。我们对被爱和被接受的需要能够削弱我们保持和谐、完整和真实的能力。当我们还是婴儿时，"评判标准"就牢牢地存在于我们内心，但是随着我们身体的不断成长和思维的不断成熟，我们学会将来自外部世界的评判标准"内化"，直到我们中的许多人再也不能认识到内部和外部的区别，再也不知道真正的自我。与自身的重要部分失去联系并且失去自尊，许多心理和社会问题也就不可避免地从这些不和谐中产生了。他认为我们将婴儿时的自我决定能力渐渐转交给了外部世界。在某些人身上这种自我的丧失达到了很严重的程度，以至于再也不能意识到自身机体此刻的需要——我们不再知道自己在想什么或自身的感受是什么。

于是对于个体来说，如何才能重新获得对自己的生活进行价值评判的能力并对自己的生活负责很重要。对于夫妻关系来说，能够诚实地表达出一些令人痛苦的真相会使关系得到改善，彼此间来自心灵深处的健康的交流过程很重要。它能促进两人的共同成长，使双方在爱的意义上建立起更加幸福美满的婚姻关系。

女人们由于受几千年来封建传统文化的影响，社交范围相对狭小，自我突破有一定难度，很多女人为了摆脱孤独，获得他人的爱与欣赏，常常会掩藏自己去迎合别人，久而久之，生命就会变得苍白而麻木。所以女人们能够接纳自己，与内心深处迷失的自我进行交流，使自己成为一个完整的"人"很重要，只有你增强了对自我与他人的理解力，接受了这个世界的不完美，你才能够很好地去包容他人，使生命在互动中走向和谐。

那么人如何才能悦纳自己，从内心深处寻找到迷失的自我，使自我的这一部分与自身生命更好地交融，从而拥有更加健康和谐、高品质的生活呢？这里提供一些简单的经验仅供大家参考。

首先，要使自己内心深处的孤独感和解。能享受寂寞是一种幸福，而孤独则是一种特殊的情绪体验。它主要是内心深处的自我剥离造成的，我们不能体验到自己的真实感受，更多的时候在依据他人和一些约定俗成的观念，生活、内心的情绪由于长时间被忽略，意识感知就会伴有严重的压抑感与孤独感。此时就需要我们深入到内心将被压抑的情绪表达出来，并接受它成为自身的一部分。与他人建立积极的和谐的关系也很重要，他能引导你真实地表达自己，并以真实的自我去面对生活。

其次，承认自己的不完美。很多女孩子都有唯美思想，希望自己哪里都是完美的，容不得半点瑕疵，有一点不好就和自己过不去，当人不能接受自我，内心就会充满挣扎和抗争，便会痛苦。停止内在和外在的战争，心的慈悲与伟大就会浮现。将一切放下，那么充满意义的世界就会在我们的周围浮现。

再者，不要活在别人的眼光里。事实上，在这个世界里，一切都预先被原谅了，一切皆可笑地被允许了。存在即是合理。所以不要在意别人的眼光，给自己一个骄傲的理由，给自己一个幸福的理由，给自己一份别人不能给予的温暖。敢于发出心灵中最真诚的呼唤，而不必扭扭捏捏、东遮西掩。拥有时，不必去矫饰喜悦；失去了，也不要过分悲伤。活给自己、笑给自己、演给自己、唱给自己，把快乐的钥匙掌握在自己手中、心里和心灵深处。

最后，摆脱自卑心理的困扰。世界上没有十全十美的事物，造物主是公平的，多给几分智慧，就会少给几分美貌；多赐予一些才华，同时也会给你留下某种缺陷。认识到这一点你就该明白，无论怎样都不该感到自卑，如果你比别人少了某些东西，那必定是你比别人多了某些东西的缘故。千万不要沉溺在自卑的情绪里，那样你就会越过越糟糕。

客观分析一下自己，既不以自己在某些方面高于别人而自傲，也不以在某些方面低于别人而自卑，能够喜欢自己、接受自己。不要过多地责备自己，任何人都是独一无二的。

一个女人只有学会悦纳自己，才能更好地去包容别人。也只有有着爱与包容心的女人才能世事洞明，不但懂得如何与自己交朋友而且也善于与周遭的一切和谐相处，坦诚而美好。

宽容是女人似水的柔情

安德鲁·马修斯在《宽容之心》中曾写下这样一句启人心智的话："一只脚踩扁了紫罗兰，它却把香味留在脚跟上，这就是宽容。"宽容是一种宽广的胸怀，是对人对事的包容和接纳；宽容是一篇优美的乐章，可以让你心情愉悦。做个宽容的女人，你就选择了快乐，你将成为朋友眼中最有魅力的女人。

有这样一个故事。一位家里非常富裕的漂亮女人，不论其财富、地位、能力都无人能及。但她却郁郁寡欢，连个谈心的人也没有。于是她就去请教一位法号为无德的禅师，问他如何才能赢得别人的喜欢。

无德禅师告诉她："你能随时随地和各种人合作，并具有和佛一样的慈悲胸怀，讲些禅话、听些禅音、做些禅事、用些禅心，那你就能成为有魅力的人。"

女人听后，问道："大师此话怎么讲？"

无德禅师说道："禅话，就是说欢喜的话，说真实的话，说谦虚的话，说利人的话；禅音就是化一切声音为美妙的声音，把辱骂的声音转为慈悲的声音，把诋毁诽谤的声音转为帮助的声音；禅事就是慈善的事、合乎礼法的事；禅心就是你我一样的心、圣凡平等的心、包容一切的心、普济众生的心。"

女人听后，一改从前的霸气，不再因为自己的财富和美丽而凡事都争强好胜了。对人总是谦恭有礼、宽容大度，不久就赢得了很多人的认同，拥有了许多知心的朋友！

宽容对于一个女人来说是尤为重要的。在长期的家庭生活中，宽容是保证双方爱情持续的力量，它不是美貌、不是浪漫，甚至也可能不是伟大的成就，而是一个人品格的光芒。这种光芒是一个人最吸引人的个性特征，而这种个性特征的底蕴在于一个女人怀有不计较、不追究的宽容。

当然，宽容也不是没有界限的。因为，宽容不是妥协，尽管宽容有时需要妥协；宽容不是忍让，尽管宽容有时需要忍让；宽容不是迁就，尽管宽容有时需要迁就。

宽容更多的是爱，对于相爱的两个人，爱人应该是彼此的一部分。在这个前提下，甚至于婚姻的错误有时也会成为一种营养，它的意义不是教会我们如何谴责，而是教会我们如何避免。即便无法避免爱情的悲剧，最终到了各奔东西的时候，宽容的女人也不会忘了说声："夜深天凉，快去多穿一件衣服。"因为一个犯了错的人，他也许正在内心谴责着他自己；而且，在这句话中，你不但在给自己机会，同时也在给别人机会。

包容是阳光，宽容是美丽。深邃的天空容忍了雷电风暴一时的肆虐，才有风和日丽；辽阔的大海容纳了惊涛骇浪一时的猖獗，才有浩瀚无垠；苍莽的森林忍耐了弱肉强食，才有郁郁葱葱。泰山不辞沃土，方能成其高；江河不择细流，方能成其大。宽容是壁立千仞的泰山，是容纳百川的大海，是女人似水的柔情。

宽容，为友谊之花加点料

有人说，有多少朋友就有多少扇窗子来帮你看世界。对于一个女人来说，亲人不能永远陪在你身边，当爱情也因太多的附加条件而变得失去了它原本的纯真时，唯有真挚的友谊不受名利驱使，也不像男女之情那么容易受非理性成分的困扰。你高兴时朋友陪你一起庆祝，你失落时朋友为你忧伤叹息。狂乱的雨夜，虽身在异乡，电话中却传递着温暖的友情，那一句句低低的倾诉，滋润着心灵，外界的风雨如同背景音乐般，且淡且远。

有时候多年的好友重新相见，就如同又见了已逝的那一段岁月，还有岁月中的自己，有一点点感伤，有一丝丝欣慰，那份亲切无可比拟。也许你们一起翻过了太多的日历，彼此见证了太多的成长，而今又都成了各自的一面镜子，从中照出了往昔的酸甜苦辣，也照出了年华流逝的无奈与成长后的喜悦。

在成长的道路上，我们总会遇到曲曲折折、坎坎坷坷。灿烂的阳光下，也有阴暗的角落；风和日丽的天空，也会有乌云飘来的时候；巨轮航行在大海上，经常会遇到狂风恶浪的挑战；车辆奔驰在大地上，经常有高山大河的阻碍。在你的朋友们中，也会遇到形形色色的人：或善解人意、知书达理，或心胸狭窄、蛮不讲理，或愤世嫉俗，或冷静沉着……

女人要做到宽容并不容易，但女人需要有广阔的胸襟。当你被朋友误解时，应该主动进行解释，否则事移、时移，即使得到了宽容也不复从前了。真挚的友谊既亲密又脆弱，容不得半点沙子，尤其对于相对敏感的女孩子来说，做她的朋友一定要细心地呵护好她脆弱的心灵，给她支持与尊重。

当你的朋友不小心伤害到了你，如果她是无意的，你首先应该与她进行真诚的沟通，如实地向她说出你的感受，如果你的朋友从你的讲述中获得了同感体验，那么她就会认识到自己的错误，主动向你道歉，这时的你更应该以一颗宽容之心维护你们的友谊，不能赌气、使小性子，要知道长路漫漫，友谊难觅，爱情可以消逝，友谊却是女人一生的财富。

荀子曾经说："君子贤而能容罢，知而能容愚，博而能容浅，粹而能容杂。"西谚曰："世界上最宽广的是海洋，比海洋更宽广的是天空，比天空更宽广的是人的胸怀。"这里讲的就是宽容为怀的道理。宽容是一种博大的胸怀，是一种崇高的美德。

宽容为怀是解决问题的最好途径。待到你的勇敢战胜了一个个困难，你的慎重一次次避免了失误，你的真情融化了别人心头的坚冰，你的灵活使大家化险为夷、转危为安，你的让步给双方带来了广阔的天地，你的朋友便会更加理解你。

珍贵的友谊需要宽容、需要理解。宽容是催化剂，可以消除隔阂、减少误会、化解矛盾；宽容是润滑剂，能调节关系、减少摩擦、避免碰撞；宽容是清新剂，会令人感到舒适、感到自信、感到世界的美。

漫漫人生路，知心者有几？当你失落时……请让我陪你一起走过。学会宽容，让我们用心去呵护那份友谊吧！

　　身为女人，如果一生中能有一两份这样真挚的友谊，实在是一大幸事。然而人与人之间的关系是如此微妙和敏感，特别是对于心思细腻又颇重感情的女人来说，即使是多年的友谊也需要你时时以一颗宽容之心来维护，否则因为一些偶然因素失之交臂，会让你追悔莫及。

第十二章

知足知止，
女人之福源于女人知足

事能知足心常惬，人到无求品自高

常言说得好：知足者常乐。这里说的知足并非满足现状、不求进取，而是指一种平和的心态，常乐则是指一种豁达的人生态度。

都说红颜薄命，那是因为红颜的诱惑更多，守不住自己的根本，属于你的福气自然也会散尽。耐不住寂寞的，却更是一生的寂寞；不知足的，怕多是在临终时刻两手空空。生命是一种选择，我们选择了什么，就会得到什么，怪不得别人，一切都在我们选择的那一刻有了结局。幸福的女人不是靠天授，幸福的女人是知足而常乐的。

都懂得人生有得有失的道理，可在得失面前，不同的人有着不同的心态，不同的选择，于是有了不同的人生。幸福的女人会从容、宠辱不惊。得之，我幸，珍惜之；不得，我命，忘却之。这更是一种大智慧，可惜，很多的女人做不到这一点，患得患失，飘摇不已，结果西瓜没得到，芝麻也丢了。这山望着那山高，让那永无止境的欲望弄得心身疲惫，不堪重负，徒增烦恼，因而失去了人生本应有的快乐和幸福。

人生苦旅，每个人不过是天地间匆匆的过客，不要因膨胀的欲望玷污我们的灵魂而自寻烦恼。做个知足快乐的女人，珍惜已经拥有的快乐和幸福，别让这种美好的生活从我们身边悄然溜掉。知足的女人，从不虚荣攀比，穿衣不一定讲究什么名牌，却能穿出名牌的效应，因为她们懂得怎样着装才是最佳的搭配。她们不会在"风口浪尖上"去购物，她们会耐心地等待，在打折的大浪里淘沙，常能淘到做工精良、物美价廉的服饰，并常常以此为乐。她们懂得穿长裙飘逸、穿正装端庄、穿休闲服洒脱、穿运动衣干练。她们绝不会赶时髦、追风头，更不艳羡华贵的裘皮，但她们一定会穿出自己的独特风格、穿出自己独有的韵味。她们懂得只要是适合自己的便是最好的。知足的女人心灵手巧，她们总能把自己的家收拾得温馨舒适、其乐融融。她们从不嫉妒别人的花园别墅，也不奢望什么荣华富贵，她们会根据自己的经济情况量力而行。她们的住所不一定多么宽敞高大，装修也不一定多么讲究豪华，她们的要求不高，有一间干净整洁的小屋就足矣。知足的女人，不会因追求夫贵妻荣而给男人太多的压力。她们不会要求男人一定要做高官拿厚禄，也不一定要求他多么有权有势，只要男人勤勉努力就好。温暖是人们越来越看重的女性气质。温暖的女人有磁场，能积聚人气福气；温暖的女人通透而包容。包容不是没立场，却是更愿意耐心地陪伴他人的成长。温暖的女人能够让人放松、让人自如、让人舒服。她们是男人忧愁烦恼的避风港，是男人奔波忙碌的憩息所，男人能拥有这样的女人是人生的幸事。

没有谁的幸福是天生注定的，自然也没有谁天生就懂得怎么做个好女人。有悟性的人会在人生经历中去体会、去珍惜，最终拥有了属于自己的幸福。幸福离我们不远，就看我们要不要。

有一副对联说的好："事能知足心常惬，人到无求品自高。"这不正是知足女人的真实写照吗？

知足的女人一定内心宁静，闲适悠然。她们不会被世俗所诱惑，也不会被欲望所羁绊，她们永远怀有一颗感恩知足的心，所以永远拥有愉悦美满的生活。正因为她们常常能感悟到生活中的乐趣，自然也就容易获得满足。

　　知足是一种心境，一种感悟，也是一种处事的态度，更是一种生存的智慧。每个人对知足都有自己的理解，每段时间、每种状况都有对知足的不同标准，对幸福也就有不同的诠释。其实幸福只是一种感觉，不分贫富贵贱，只要有一颗平常心，在你身边处处可以感受到幸福，幸福也会伴随着你。

欲望无边际，幸福不肯来

曾有一位智者说过："没有边际的欲望是幸福的最大障碍。"的确，假如一个女人感觉沉重而不幸福的时候，并不是因为老天对你不公，而往往是你的欲望超出了你所能承受的底限。世间的女人应该明白，我们每一个人所拥有的财物，无论是房子、车子、票子等，不管是有形的，还是无形的，没有一样是属于你的，那些东西不过是暂时寄托于你，有的让你暂时使用，有的让你暂时保管而已，到了最后，物归何主，都未可知。所以，何必为身外之物太过烦心呢？

现代人越来越重视对金钱、权势的追求和对物质的占有，殊不知，金钱和权力固然可以换取许多享受，却不一定能获取真正的开心。

过去有个大富翁，家有良田万顷，身边妻妾成群，可日子过得并不开心。

挨着他家高墙的外面住着一户修鞋的，夫妻俩整天有说有笑，日子过得很开心。

一天，富翁的小老婆听见隔壁夫妻俩唱歌，便对富翁说："我们虽然有万贯家产，还不如穷鞋匠开心！"富翁想了想笑着说："我能叫他们明天唱不出声来！"于是拿了两根金条，从墙头上扔过去。修鞋的夫妻俩第二天打扫院子时发现不明不白而来的两根金条，心里又高兴又紧

张，为了这两根金条，他们连修鞋的活也丢下不干了。男的说："咱们用金条置些好田地。"女的说："不行！金条让人发现，别人会怀疑我们是偷来的。"男的说："你先把金条藏在炕洞里。"女的摇头说："藏在炕洞里会叫贼娃子偷去。"他俩商量来，讨论去，谁也想不出好办法。从此，夫妻俩饭吃不香，觉也睡不安稳，当然再也听不到他俩的笑声和歌声了。富翁对他的小老婆说："你看，他们不再说笑，不再唱歌了吧！办法就这么简单。"

鞋匠夫妻俩之所以失去了往日的开心，是因为得了不明不白的两根金条。为了这不义之财，他们既怕被人发现怀疑，又怕被人偷去，有了金条却不知如何处置，所以终日寝食难安。

就像这对穷夫妻一样，一些女人虽然拥有了很多，但是并不快乐。当我们被身外物羁绊住时，我们就会迷失自己，无法弄清什么才是自己真正需要的。

南方的一个古镇上有一个铁匠铺，铺子里住着一位老铁匠。主要以打制一些铁锅、斧头为营生。他的经营方式非常古老和传统。人坐在木门旁，货物摆在门外，不吆喝，不还价，晚上也不收摊。你无论什么时候从这儿经过，都会看到他在竹躺椅上躺着，眼睛微闭着，手里拿着一个陈旧半导体小收音机，身旁是一把紫砂壶。他每天的收入，正够他喝茶和吃饭的。他觉得自己老了，目前的生活既悠闲又惬意，因此非常满足。

一天，一个古董商人从老街上经过，偶然间看到老铁匠身旁的那把紫砂壶古朴雅致，紫黑如墨，有清代制壶名家戴振公的风格。他走过去，顺手端起那把壶。发现壶嘴处有戴振公的印章，商人惊喜不已，因为戴振公在世界上有捏泥成金的美名。据说他的作品现在仅存三件，一件在美国纽约州立博物馆里，一件在台湾故宫博物院，还有一件在泰国一位华侨手里。

商人想以 15 万元的价格买下那把壶。当他说出这个数字时，老铁匠先是一惊，后又拒绝了，因为这把壶是他祖辈留下来的，他们几代人打铁时都喝这把壶里的水，他们的汗也都来自这把壶。

　　壶虽没卖，但商人走后，老铁匠有生以来第一次失眠了。这把壶他用了近 60 年，并且一直以为是把普普通通的壶，现在竟有人要以 15 万元的价钱买下它，他转不过神来。

　　过去他躺在椅子上喝水，都是闭着眼睛把壶放在小桌上，现在他总要坐起来看一眼，这让他非常不舒服。特别让他不能容忍的是，当周围的人们知道他有一把价值连城的茶壶后，蜂拥而来，有的打探他还有没有其他的宝贝，有的甚至开始向他借钱。他的生活被彻底打乱了，他不知该怎样处置这把壶。

　　当那位商人带着 20 万元现金，再一次登门的时候，老铁匠再也坐不住了。他召来自己的几房亲戚和前后邻居，当众把那把价值连城的壶砸了个粉碎。

　　现在，老铁匠还在卖铁锅、斧头，他已经 98 岁了。

　　对于真正享受生活的人来说，任何不需要的东西都是多余的。要那么多的钱干什么？对于老铁匠来说，房子再大，适合睡眠的却只是一张床。锦衣玉食并不合他的心意，粗布衣衫、白粥咸蛋才是他的最爱。而这样的生活，需要那么多的钱干什么？

　　很多人会说这是一个金钱推动的社会，是人们追求金钱的欲望以及拥有了金钱的虚荣使它永远向前。这是怎样的一种谬论啊！我们应该平静地面对生活给予的一切，不要让欲望这个没有止境的黑洞来洞穿我们的心灵。奢恋身外物的人，很难得到温暖，孤单和寒冷会一直抓住他们，让他们彻底迷失自己。

　　在我们今天的这个社会里，要冷静而坦然地面对身边的名利的确很难，一般人都无法在心理上达到平衡。其实与充满金钱的生活相比，平

淡清贫不存在真正意义上的缺失和悬殊。金钱，生不带来，死不带去，而享有一次像老铁匠一样真正没有缺憾的生命，才是我们所追寻的人生价值之所在。

在俄国诗人涅克拉索夫的长诗《在俄罗斯，谁能幸福和快乐》中，诗人找遍俄罗斯，最终找到的快乐人物竟是枕锄瞌睡的普通农夫。是的，这位农夫有强壮的身体，能吃、能喝、能睡，从他打瞌睡的倦态以及打呼噜的声音中，流露出由衷的开心和自在。这位农夫为什么能开心？因为他不为金钱介怀，把生活的标准定得很低。

法国作家罗曼·罗兰说得好："一个人快乐与否，绝不依据获得了或是丧失了什么，而只能在于自身感觉怎样。"

有的人大富大贵，别人看他很幸福，可他自己身在福中不知福，心里老觉得不痛快；有的人无钱无势，别人看他离幸福很远，他自己却时时与快乐结缘。

有对下岗的中年夫妇在菜市上摆了个小摊，靠微薄的收入维持全家四口人的生活。这夫妻俩过去爱跳舞，现在没钱进舞厅，就在自家屋子里打开收录机转悠起来。男的喜欢喂鸟，女的喜欢养花。下岗后，鸟笼里依旧传出悦耳动听的鸟鸣声，阳台上的花儿依旧鲜艳夺目。他俩下了岗，收入减少了许多，却仍然生活得很快乐，邻居们都用惊异的目光看着他俩。

是的，也许我们无法改变自己的境况，但我们可以改变自己的心态。没了钱不要紧，但不能没有快乐，如果连快乐都失去了，那活着还有什么意义。快乐是人的天性的追求，开心是生命中最顽强、最执著的律动。

抛弃对身外物的贪欲，在物质世界和精神世界中，只要开开心心，生活的趣味就会更浓厚，恐惧和压抑感就自然会从内心深处消失。坦坦荡荡地做人，开开心心地生活，美好的日子就会永远留在你身边。

想想得意事，不要让烦恼缠身

✿

威尔科克斯说："当生活像一首歌那样轻快流畅时，笑颜常开乃易事；而在一切事都不妙时仍能微笑的人，是真正的乐观。。"其实，大多数的人都属于普普通通的一类，没有大喜也没有大悲，有的只是点点滴滴的琐事和烦忧。有些女人将这些琐碎的烦忧看作是天大的事，于是太阳也变成了蒙眼的乌云；有些女人则喜欢用得意之事化解烦忧，于是细雨也成了暂时的滋润。其实，对于大多数的我们来说，每天都生活在美丽的童话王国里，但是，我们却看不见，感觉不到。

波纪尔·戴尔是《我希望能看见》的作者。她只有一只眼睛勉强看得到东西，而且这只眼睛上还布满了疤痕，只能透过眼睛左边的一个小洞去观察这个世界。阅读的时候，书几乎要贴在脸颊上，眼睛要尽可能地向左斜，才勉强看到书上的字。

但她的心态极好，既不喜欢接受别人的怜悯，也不喜欢把自己看作"异于常人"。很小的时候，她和小伙伴一起玩跳房子，因为眼睛问题，她看不到地上的线，于是等其他孩子走了之后，她趴在地上紧贴着地面一点点地记住了地上所有的点。没多久，她就成了玩跳房子的高手了。再后来，她凭借着努力，得到了明尼苏达州立大学学士学位，又在哥伦比亚大学得到硕士学位。

她并不是没有恐惧，"在我脑海深处，常常怀有一种对完全失明的恐

惧。为了克服这种恐惧，我对生活采取了一种近乎戏谑的快活态度。"令人惊喜的是，在她年过半百时接受了一场手术，让她的视力提高了几十倍。

一个新的世界在她眼前打开了。她似乎忘记了之前遭遇的种种。她说："有时，我在厨房洗碟子，便会盯着碟子里面的泡沫。我用手抓起一大把的泡沫，迎光举起来。在这每一个泡沫中，我都能够看到一道道小彩虹，散发着明亮的光。"

你看，当我们审视自己的心灵时，是否也可以向戴尔学习，多想想那些如意的事情，多注意生活中的彩虹，而不要过多地关注阴云和不幸，不要因为一时的阴霾而使本来明亮的生活蒙上灰尘。

事实上，世上所有人，每一天，每一小时，都能得到"快乐医生"的免费服务，只要我们能把注意力集中在所拥有的那么多令人难以置信的财富上——那些财富远超过阿里巴巴的珍宝。你愿意把你的两只眼睛卖1亿美金吗？你肯把你的两条腿卖多少钱呢？还有你的两只手、你的听觉、你的家庭？把你所有的资产加在一起，你就会发现你现在所拥有的一切绝不会被你就此卖掉，即使把洛克菲勒、福特和摩根3个家族所有的黄金都加在一起也不卖。可是我们是否会想到这些呢？啊，不会。就像叔本华说的："我们很少想我们已经拥有的，而总是想到我们所没有的。"世界上最大的悲剧在于，想象的痛苦可能比历史上所有的战争和疾病带来的多。

提醒各位，说这句话的人可不是职业的乐观主义者，事实上，他二十几年来深受焦虑、饥饿、穷困之苦，终于蜕化成为当时最著名的作家与评论家。罗根·史密斯的一句话中包含了许多智慧："人生有两项主要目标，第一，拥有你所向往的；第二，享受它们。只有最具智慧的人才能做到第二点。"

教你一个快乐的秘诀，那就是将你的注意力集中在那绝大部分顺利的事上，每天都想着你所得到的恩惠，让最得意的事常在你的脑海中萦绕。如果你掌握了这个秘诀，快乐就会永远伴随你。

放下攀比之心，别让自己活得那么累

一些女人坦言，不喜欢参加同学会，因为女人聚在一起就要攀比：比事业、比地位、比房子、比车子、比银子……于是，越比越急、越比越累。老实说这种烦恼都是自找的，放下攀比之心，你的生活一定会轻松很多。

尽管我们都知道"人比人，气死人"的道理，可在生活中，我们还是要将自己与周围环境中的各色人物进行比较，比得过的便心满意足，比不过的便在那儿生闷气发脾气，这其实都是我们的攀比之心在作怪，说白了还是虚荣心在那里作怪。

有这种心理的人，会将别人的任何东西都拿来与自己的进行比较：家里住多大的房子、有什么样的车子、老公的样子、花钱的派头、地板砖的质料、孩子的学习，当然更多的就是比谁家住的、吃的、用的、玩的更阔气！

历史上常有权贵们互相攀比的例子：

北魏孝明帝期间，发生了高阳王元雍和河间王元琛斗富事件，据说元琛对另一宗室章武王元融说："不恨我不见石崇，恨石崇不见我。"可怜的元融见了元琛和元雍富可敌国的财产，在又羡又妒之下竟然生了病导致三天没下床，而元融自己家的财物其实也不少，只是自己不满足

而已。

还是这个元融，在一次赏赐中，太后让百官任意取绢，只要拿得动就属于他了。这个元融，居然扛得太多致使自己跌倒伤了脚，太后看到这种情景便不给他绢了，被当时人们引为笑谈。

分析人之所以乐于攀比不疲的原因，实际上是一个面子问题。

人生在世，但凡是个正常的人，多多少少都有些虚荣，虚荣本来无可厚非，但虚荣过火之时便是让人讨厌之时。这攀比就是因过度虚荣而表现出来的一种让人讨厌的性格特征。

攀比有以下害处：

1. 让人情绪无常

当攀比之后，胜了别人，立刻情绪高涨，自大狂妄，以为天下唯有我是最了不起的；可是比得过甲，不见得比得过乙，不如乙的时候立刻情绪低落，感觉脸上无光，一点面子没有，恨不得找个缝隙自己钻进去。

像元融，见别人的财富珍宝多过自己，立刻满脸忧虑，甚至都愁出病来。

2. 易伤害交际感情

人在社会中，必须与他人交往，如果你在群体中不是去攀比甲，就是攀比乙，在攀比之中会伤害和你交往的对象。比得过，你便轻视别人，看不起别人，从而不尊重别人，别人只能对你不置可否；比不过的，你会满含妒意，或造谣，或诬陷，对人用尽一切诋毁之手段，同样会伤害别人的感情，破坏良好的交际关系。大家最后都懒得与你来往。

3. 攀比会使一个人容易走上犯罪道路

很多犯罪的目的都是为了扩大自己的财富，提高自己的名声。当你所使用的手段不是那么正大光明时，比如你通过贪污挪用、行贿受贿来扩大自己的财富，好去虚荣地攀比，那么总有一天你会锒铛入狱的。

有很多人并不认为自己是攀比，而认为自己花钱多、购物多、上档次、穿名牌、拿手机、玩掌上电脑是讲究生活品质，自诩那些一掷千金、一掷万金的举动是"为了追求生活品质""为了讲究生活品质"。

实际上，那些真正讲究生活品质的人并不是体现在表面上，也不是纯粹表现在物质这个浅层次上，"讲究生活品质"只不过是为自己肤浅的攀比行为打掩护。你只要在镜中照一下自己眼角的那处不屑、那处自满，你就会明白"生活质量"不过是攀比、炫耀的代名词！事实上，这只不过是失去了求好的精神，而将心灵、目光专注于物质欲望的满足上。在一个失去求好精神的社会中，人们误以为摆阔、奢侈、浪费就是生活品质，逐渐失去了生活品质的实质，进而使人们失去对生活品质的判断力，攀比着追逐名牌，追逐金钱，追逐各种欲望的满足。难怪人们在物质欲望满足之际，却无聊地在那儿打哈欠呢！无聊地在夜里互相攀比着烧钱玩！

但很多女人还是在羡慕那些住大房子、开名牌车、穿着入时的女人，以为那才是生活，那才是生活的本质，于是这些人不择手段地去追求，甚至到心力交瘁的地步。

如果你是一个攀比的人，一个试图攀比的人，那么停下你的脚步吧：

1. 别让虚荣阻碍了你享受生活

攀比让你的虚荣心得到满足，可为了这满足你却付出了不少代价：想方设法、不择手段、焦头烂额、心力交瘁，更大的代价是你忘了生活中还有比攀比更让人感到愉悦的事情。

2. 创造你自己的生活品质

真正的生活品质，是回到自我，清楚地衡量自己的能力与条件，在有限的条件下追求最好的事物与生活。生活品质是因长久培养了求好的精神，从而有自信、丰富的内心世界；在外可以依靠敏感的直觉找到生活中最好的东西，在内则能居陋巷、饮粗茶、吃淡饭而依然创造愉悦多元的心灵空间。

3. 思考攀比的意义

与别人攀来比去，你最后除了虚荣的满足或失望之外，还剩下什么？有没有意义？是徒增烦恼还是有所收获？最后思考的结果即毫无意义。你感到无意义，自然就会停止这种无聊的行为。

生活是自己的，只要自己过得开心、舒适就好，何必让有害无益的攀比损害自己的幸福呢？

第十三章

七窍玲珑，
女人应让自己活得更清醒

智慧是女人不可或缺的保养品

✣

做女人真好，可以享受到美丽漂亮的包装，有那么多时尚服装、饰品、化妆品、美容店为女人提供服务。但有智慧的女人懂得，这些东西只是个陪衬的绿叶。在工作上，她们通常是用业绩来证明自己的能力和水准，而不是靠容貌、身材和眼泪。在社会交往中，她们把自信、宽容、聪慧集于一身，与她们交谈，会让你有所思、有所悟、有所得，然后你才会明白，女人的智慧之美是何等动人。

女人到了中年无法挽留青春的影子，却更容易吸引"慧中"的青睐，随着智慧的积累而不断成长起来的女人，是一种果子熟透的美，是一种由内而外所散发出的美，是一种令人欣赏和赞叹的美。

有人说，一个女人到了中年才算是真正的成熟，因为这时的她们才真正懂得了生活，懂得了社会，懂得了家庭，也懂得了自己的人生价值。

她们在忙碌的生活中不断为自己充电。工作之余带着孩子去图书馆走走逛逛，既博览了群书，获得了广博的知识，又让自己的孩子懂得了学习的重要性，还培养了平时没有时间建立的母子情，可谓"一箭三雕"，何乐而不为？

她们与周围的人相处平和，取人之长，补己之短。岁月磨去了尖锐的锋芒，她们变得更豁达、更宽容、更懂得珍惜拥有和谦虚让人。她们掌握了生活的主动，更懂得去追求美的权利和自由，所以时时会告诉自己：最美丽的天使就在自己身边，她们不会放弃也不会退缩，勇敢地为自己赢得了一片片灿烂的天空。

"不要羡慕别人所拥有的，要羡慕自己的才对。因为自身有许多别人所没有的东西……"这是一位青年作家曾说过的话，现在细细拿来品味，还真有一番意味和哲理，春兰秋菊，各有芬芳。走过半生的女人们学会了追求赞美和被别人赞美，她们用智慧的武器把自己认识得更全面、也更深刻，岁月一点点挖掘出了她们内在的潜力，届时才发现自己原来有这么多"美不胜收"的优点。

有人曾说，智慧是一种永恒的哲学，一个女人因拥有智慧而让自己轻盈的气质变得厚重起来，一个女人也因智慧的存在而让自己变得更加引人注目。她们谈吐不俗、气质超人，即使是在人头攒动的大街小巷也会显出一种"鹤立鸡群"的魅力。

智慧是女人不可或缺的保养品，获得它的根本途径便是饱读"诗书"。漂亮的容颜已不再是女人独傲群芳的武器，浑身洋溢着的高贵气质以及言语间流露出来的知识修养，使她们显得与众不同，书是她们经久耐用的"时装"和"化妆品"，使她们焕发出异样的光彩。

在这个因女人的存在而变得多彩的世界里，时尚而智慧的女人更懂得抽一点时间为自己的心灵扫扫尘土。她们明白真正的智慧是一点一滴累积起来的，就如同盖一间屋子，年轻时所打下的只是一个根基，中途的一次休息，只是为了以后更好地展现女人的风采。她们知道婚姻是一个加油驿站，心灵得到了满足以后，扬帆启程，最终的美丽只属于持之以恒。

智慧之美是女人在半世红尘中逐渐发掘、打磨的，它不会如容颜一般在岁月的流逝中褪去颜色，反而会如醇酒一般愈陈愈香。

女人要有主见，别把你的人生交付于他人

"独立""自主"的能力不是天生就具备的，它需要经过时间的磨炼、成长的历程才能发展、完善起来。其实这也算是一种成就。没有人生来即是个完善的个体。

有一个墨西哥女人和丈夫、孩子一起移民美国。当他们抵达德克萨斯州边界艾尔巴索城的时候，她丈夫遗弃了她和两个嗷嗷待哺的孩子。22岁的她带着不懂事的孩子，饥寒交迫。

虽然口袋里只剩下几块钱，她还是毅然地买下车票前往加州。她在一家墨西哥餐馆里打工，从大半夜做到早晨6点钟，收入只有区区几块钱。然而她省吃俭用，努力储蓄，将每一分钱都存下来。

这个女人要实现一个梦想——自己开一家墨西哥小吃店，专卖墨西哥肉饼。有一天，她拿着辛苦攒下来的一笔钱，跑到银行向经理申请贷款，她说："我想买下一间房间，经营墨西哥小吃，如果你肯借给我几千块钱，那么我的愿望就能够实现。"一个陌生的外地女人，没有财产抵押，没有担保人，她自己也不知能否成功。但是幸运的是，银行家佩服她的胆识，决定冒险资助。于是她25岁起开始经营自己的墨西哥肉饼店，经过15年的努力，这间小吃店扩展成为全美最大的墨西哥食品批发店。

她就是拉梦娜·巴努宜洛斯，曾经担任过美国财政部长。

有不少女人，喜欢把男人当做生活中的太阳，渴望过处处"亮堂堂"的生活，但是她们忘了，太阳也有照不到的地方，因此，她们常常失望。

现实生活中，有些女人无论物质或精神都一味地倚靠男人，有的即使物质上独立但在精神上也过分依赖男人，一旦男人有了问题就像天塌了一样。因为这种依赖，造成了男人在家庭里高高在上的地位，女人缺乏话语权与安全感。这很大程度上来自于女性天性的脆弱和感情用事。有人说一个男人很容易一眼就喜欢上某个女人，而女人则常常会慢慢地爱上一个男人。

女人一旦有了爱情，就要把握好两人相处的尺度，人与人之间是有心理距离的，一味地腻在男人的世界里，取舍无度必使人腻烦，况且爱情也不是一张永恒的支票，长此下去必将透支。不错，初恋时的宠爱是女人幸福的源泉，可是爱人之间一旦建构了这样一种相处模式，日子久了，就会让女人产生严重的依赖心理，女人的撒娇一旦转成放纵、无理取闹，这时你们之间的危机也就到来了。

可见如果不能拿捏好与爱人相处的尺度，宠爱不但会蒙蔽女人的双眼，最终也将夺走女人为之骄傲的"幸福"。即使在爱情中女人也要让自己摆脱依赖心理，拥有独立性。同时，应该时时想方设法去"刷新"自己。时时"刷新"自己的女人，是一种积累，也是一种保值，更是一种增值。这样的女人，在处理家庭矛盾时，才不会懦弱，不会迷失自己，也不会妥协，更不会让生活变成无边苦海。她们会寻求到理智的解决方法，避免不该发生的悲剧，追求自己真正的幸福。

女人们要记住：不要无原则地看重一个男人，不能把自己的一切都押在男人身上，不能对他们太依赖。男人需要有他们自己的空间，他们

其实不喜欢女人占据他们太多的个人空间，他们需要自由，被束缚的感觉会让男人恐慌和恼怒。有的男人在他的征服欲得到满足后，便是他冷淡你的开始，致命的是这个时候女人往往已死心塌地爱上了这个男人，所以最后日日盼望，日日失望，日日伤心。不要依赖男人，女人也应该有女人自己广阔的空间，也可以活出自己的精彩。

女人应该有自己的事业，这样生活才会充实，不要想着去花男人的钱，不要给自己懒惰的机会，自己努力地工作，努力地赚钱，用自己赚的钱把自己打扮得更漂亮，而不是靠男人。其实自己赚钱也是一种幸福，虽然会很辛苦，但是很独立，爱情不是一个女人的全部。

现代女性要有主见，才不会迷失自己，如果任何事情都要男人做选择，没有自己的观点，只会让他离你更远。女人要有头脑，有思想，有自己的人生规划，不要把你的权利交付给别人，要维护好自己的形象。

懂得思考，人生之路会更幸福

思考，是一切的起源，是奠定一切成功的根基。人类的进步在思考中推动，生命的精彩在思考中演绎。如果一个人不会思考，生命就失去意义，社会将不会接受他，那么他终其一生都将碌碌无为。

所以，作为女人而言，你可以不写诗、不绘画、不学习、不看电视，但你不能不学会思考。会思考可以使女人在一无所有的时候依然充满精神，可以在你生活乏味、缺少期望的时候依旧充满激情。

一般认为，女人是感性的尤物，她们思考问题很少用逻辑判断，通常都凭感觉，然而你千万不要怀疑女人的感觉，它甚至比男人的证据判断更准确，这就是女人思考的特点。

从爱情方面说，不会思考的通常都是漂亮女人，她们会嫁给现在有钱的人，而会思考的女人都会想让自己富有起来或者嫁给一个将来会有钱的男人。很多成功男人的老婆其实都不算漂亮，但是她们的思考弥补了她们的缺陷，成为男人的贤内助，让她的美丽不会因为年龄的流逝而消失，反而会升值。让男人不会因为其容颜的衰老而冷落了她，因为她的智慧已经为她赢得了终身的爱情。

会思考的女人是一个成熟的女人，对待任何事物都能很理智。聪明的女人会让自己学会思考，她会让自己受伤的爱情开始之前就微笑着转

身离去，聪明的女人善于思考，不会让自己爱上错误的男人。不会思考的女人任凭自己陷入错误的爱情，承受那本不该有的痛苦，但这是必需的过程，伤过心、流过泪之后，她们就会慢慢学会思考、懂得理智地面对问题了。

那些心智不成熟的女人也不懂得思考的重要性，她们的思想仍停留在纯真的孩童阶段，但是你不能说她们就是不幸福的，有时候，傻女人更容易满足，更容易得到幸福。她们没有太多的负担去做事，完全随着自己的性子，勇于去冒险，她们可能受伤，也可能得到别人永远不可能得到的，无论什么样的结局对她们而言都是宝贵的经历。只有受过伤，她们才会变得坚强，才会学会思考，才会成熟和长大。

会思考的女人通常都是有过经历的女人，她们的眉宇间总会带着些许淡淡的忧虑，不要认为她们没有疯狂过，那不过是暴风雨后的平静。会思考的女人，内心总有一种不安分的因子，这种因子让男人既爱又怕，但却因此更欣赏她们。

思考，能为女人赢得机会；思考，能为女人赢得幸福；思考，更能为女人赢得成功。思考的女人永远不会陷入被动的泥潭中，她们无论对人对事，都会经过自己的分析，你的游说丝毫影响不了她们的决定，因此她们是快乐的。

但并不是说女人不管大事小情都需要慎重的思考，那样便会陷入思考的深渊而变得很辛苦。其实有时候人尤其是女人，糊涂一点也未尝不是一件坏事，只要心里明白就可以了，有些事不必要太较真。

用智慧的眼光，选择适合自己的伴侣

爱情是人生中的瑰宝，是青春的彩虹。在人类的爱河中，爱情能激荡出绮丽灿烂的浪花，奏鸣出温馨动人的旋律。对此，女人在挑选男人的时候，一定要擦亮眼睛、充分运用自己的智慧，不要以为浑身名牌就是大款，不要以为温柔的男人就一定适合你，挑选到一个好男人做老公是需要智慧的。

男人就像一辆车，你不仅得会开，还得会修。能找一个有品位的懂得欣赏自己的男人是女人一生最大的幸福。男女之间本身无所谓好坏之分，只要彼此之间相互爱慕、相处融洽，外人没有权力发言。女人如果遇到了心仪的男人，一定愿意托付终身，女人也会愿意为了这个男人而改变——白雪公主也能学会拿手的好菜，野蛮女友也会变得善解人意，"败家女"也会开始勤俭持家，驰骋商场的"女强人"也愿意从此柔情似水了……所以，一个好的男人能成就一个女人。

但是如果你不是公主，就不要幻想王子会爱上你，灰姑娘的故事毕竟只是童话中才有，而现实中幸福的"灰姑娘"又有几个呢？不要在成功男人中选老公，因为他们大多背后都会有一个女人，那时候你只能做藏在钱后面的女人，是他随时可以甩掉的包袱。选择一个可以升值的"潜力股"做老公，然后陪伴他、支持他创业吧。

不要按条件去找老公，如果碰巧你爱的那个人有钱除外。爱情的确

需要有经济做基础，但是如果一个男人肯为你步行几条街买你爱吃的红豆糕，在你熟睡后才抽出已经被压得发麻的手臂，做一手好吃的饭菜，每天早上叫你起床……那么不要犹豫，否则幸福就要溜走了。

为了不让"涉世未深"的你轻易走进男人的温柔陷阱，教你几招识别优秀男人的办法。

1. 一个优秀的男人最重要的应该是坚强

那些失败了就怨天尤人、萎靡不振、整日买醉、破罐子破摔还要靠你养活的男人坚决不能要。男人要能给女人安全感，如果你找一个老公，不能够照顾你，还要经常在你面前哭诉自己的不幸，让你也承担。他实际上是可以挽救的痛苦，是非常失败的。

2. 忠诚

这点就不用多说了，相信所有的女人都不愿意自己的老公"红杏出墙"。

3. 要有气度

一个整天管束你的男人，那一定不是爱你，是自私地占有。因为一点点小事就吃醋，不论你是与上司出去应酬，还是与多年不见的朋友聚会，在你回家后百般盘问或者阴沉着脸半天不搭理你的男人，其实是自私的。

当然，他会说他是因为爱你才吃醋，可是爱一个人也要给她自由，女人应该有自己的社交圈，不能和社会脱节，不要做被男人用各种方法变相地留在家里的全职太太。女性要想为自己的生活做主，就要独立、自强，不能给自己自由空间的男人千万不要找。

4. 身体健康

没有哪个女人会喜欢一个整天病快快的男人。不是今天这疼就是明天那不舒服，什么也做不了，还要你一个弱不禁风的女子来照顾他。我们不要求他有多么威猛高大，但一定要身体健康才行。

5. 小心没有主见的男人

一个动不动就把"我妈说"这几个字放在嘴边的男人你敢要吗？你

会不知道是在和他生活还是与他妈妈生活。孝顺是一个男人必备的品质。但是，夫妻之间的事都要征求老妈的意见，一定有恋母情结，这样的男人坚决不能要。记住，你嫁的是那个男人，而不是他的母亲。

6. 爱屋及乌

一个男人如果真的爱你，就会爱你的一切，包括你的朋友、你的家人以及你的坏习惯……如果他经常对你的朋友或家人抱怨连天、百般挑剔，那么如果你还想与他交往下去，就尽量避免他们之间的见面机会；如果他苛求到要求你与他们断绝来往，不用犹豫，甩了他吧！

7. 有一份稳定的收入

婚姻和爱情不同，是要建立在有面包的基础上。你的他不一定要有万贯家财，但是至少要有一份稳定的收入，基本的生活要有保障。所谓贫贱夫妻百事哀，如果一个男人连孩子的奶粉钱都拿不出来，这个月初就开始担心下个月的供房款，那么，你跟着他吃苦不算，甚至连一点安全感都没有。

8. 自信的男人最有魅力

一个浑身散发着自信的男人，看起来总是一副胸有成竹的样子，能不让你感到放心吗？仿佛只要有他在，就没有解决不了的问题。

9. 郎才女貌也要有限度

不一定要求他英俊潇洒，但至少看上去干净利落，不至于"影响市容"。

10. 细心又有情趣

他可以不记得你大伯小叔三姑四姨的生日，但你的生日与结婚纪念日一定要记住，这两个日子在婚姻生活中是很重要的。能够出去浪漫一下，还有礼物收是最好的。

11. 无不良嗜好

烟可以抽一点，酒可以喝一点，但都不能太过。哪个女人愿意天天回家面对一个醉醺醺的、嘴里还不时散发着一股浓浓的烟臭味的男人呢？至于嗜赌成性、整日风流快活，把自己打扮成小白脸的男人就更不能要了。

12. 社交能力强

不一定要活跃得见人就搭讪、见手就握的地步，也不需要他在社交方面有多么强硬的手腕，但一起出去应酬时，若像离群的动物一样一言不发，找不到任何话题与你的同事交谈，也融入不到任何群体中，凡事都需要你出来撑场面的男人，会让你脸面无光。

13. 有大男人气概

这不是说大男子主义，那种在家里家务一点不做、衣来伸手饭来张口的男人。大男人气概是指你在外面受到欺负时，他能够挺身而出，毫不犹豫地为你出头，真真切切地保护你。光是这一点，这个男人就值得你考虑托付终身。

14. 有责任心

男人一定要有责任心，自己做的事要敢于承担。那种一旦有事就往别人身上推的男人不但卑鄙而且可耻。

15. 有一颗平和的心

这个世界已经习惯以一个男人事业上的成功来衡量他的价值。事实上，一个人的价值在于他的存在对别人是否重要。即使那个人不能在事业上取得与其他人一样辉煌的成就，但是他的平凡生活对他身边的人一样很重要就代表有价值。

如果一个男人不能以一颗平和的心去看待自己的得失，整天愤世嫉俗，怪社会不公，怨生活不平，那么你和他在一起也会影响你的心态，容易偏激，给你的心理造成巨大的压力，导致你今后生活的不快乐。

"优秀的男人"并不一定是"全能型"的男人，"优秀"对于每个女人来说都有不同的理解，这正如选鞋子一样，合不合适只有自己知道。女人要懂得选一个适合自己的男人去喜欢，一定要找一个让自己欣赏和信服的男人做伴侣。

第十四章

春风送暖，
有爱心的女人更美丽

仁爱之心让女人的灵魂更具魅力

　　仁爱是一种美丽的品性，是最能赢得别人尊敬或欢迎的。它能提升女人的气质和更好地展现女人的魅力。

　　明朝马皇后身居高位，不仅保持了艰苦朴素的作风，她那宽厚仁慈的性格，也令后人交口称赞。

　　她勤于内治，讲求古训，力倡仁厚之道。以宋多贤后，命女史官录其家法，朝夕省览。有人说："宋朝过于仁厚。"马皇后则说："过于仁厚，不比过于刻薄好吗？"

　　马氏提出"仁厚之治"的主张，将汉代与宋代两家思想合二为一，得出了"仁厚"胜过"刻薄"的结论。据此，她命女史官总结历代仁厚之粹，写成家法古训，请求丈夫明太祖予以表彰。

　　朱元璋称帝后，接受历史上的教训，不许后宫干预政事。在这种情况下，马皇后既要做到不出头露面，又要做到以其特殊的身份、卓越的见识和杰出的才能，悉心补救明太祖政事上的弊病和漏洞。所以，在明初的政治生活中，马皇后的特殊作用，被明太祖贴切地比喻为"家之良妻，犹国之良相"。在某种情况下，太祖这位良妻还起到了良相所不能起到的作用。

　　一日闲谈，马皇后问太祖："现在天下的老百姓安居乐业了吗？"

太祖回答："这不是你应当问的。"

马皇后道："陛下是天下之父，妾为天下之母，子女的安危，做父母的可以不问吗？"

马皇后此次进谏，旨在劝太祖关心民疾，爱民如子。

她常劝太祖以尧舜为法行仁厚之政，以求天下太平、百姓安乐。她认为要达到尧舜之治就要重法治、重贤才、重教育，实行仁厚之政。因而在这几个方面，她帮助太祖补弊救失，作出了很大的贡献。

在重视法治方面，马皇后提醒太祖："律常变则生弊，法弊则奸邪生，奸邪出则百姓困，百姓困则动乱生。"朱元璋认为这是至理名言，命令史官书之于册。太祖生性刚烈，好发脾气，动辄杀人。马皇后因此劝谏："不以喜怒加刑赏。"太祖在前殿决事，有时震怒，欲开杀戒，马皇后待他还宫，就婉言劝谏，因此而得以缓刑免戮的人很多。

有人报告参军郭景祥的儿子萌生杀父之心，太祖大发雷霆，下令将此不孝之子杀掉。马皇后得知，劝太祖道："郭景祥只有一个儿子，要防小人别有用心。如果枉杀则使郭景祥绝后，不如派人查明后再作结论。"于是，太祖派人调查，果然冤枉。

太祖的养子李文忠守严州（今浙江建德县东北），杨宪诬其不法，朱元璋想要召回李文忠，给予处罚。马皇后认为：严州是与敌交界的重地，将帅不宜轻易调动，而且李文忠一向忠实可靠，杨宪的话怎么能轻易相信呢？太祖向来敬重信赖马皇后，便派人去严州调查，果然又不实。后来李文忠一直戍守严州，从无疏忽。

宋濂是明初的谋士，也是太子朱标的老师，太祖对他恩礼有加，在他年老返乡后，仍不断派人慰问。不幸的是，宋濂孙子宋慎犯罪，他也被株连，逮到京师被判处死刑。马皇后为此竭力劝谏，她对太祖道："民间请一老师，还始终不忘恭敬，何况宋先生已告老还乡，并不知道

朝中发生的事，又怎能因子孙犯罪而牵连至死呢？"话虽入情入理，太祖还是不肯赦免。到进御食的时候，马皇后特意不备酒肉，太祖奇怪地问是何故，答道："妾已用皇上的酒肉祭祀神灵，请求保佑宋先生，以使太子稍尽敬师之心。"言毕潸然泪下，太祖大为感动，第二天即下令赦免宋濂死刑，安置于茂州。

吴兴富民沈秀出资帮助修筑三分之一都城，事后又请出钱犒赏军队。太祖认为百姓出钱犒军不吉祥，因而大动肝火，下令处死沈秀。马皇后劝谏道："法律，是用来惩罚不守法的人，而不是用来惩罚不祥之人。沈秀富可敌国，虽然是不祥之民，却没有犯法，怎么能随便诛杀呢？"太祖觉得很有道理，便将沈秀释放，派去戍守云南。

一年元宵节，太祖化装外出，杂在众人中观灯，见一灯上写着："女子肩并肩，乘风荡舟去，忽然少一人，却向月边住。"谜底是"好双大脚"。太祖认为这是讽刺马皇后的，大发雷霆，要严惩"刁民"，如查不出具体人来，全城百姓，一律遭殃，弄得人心惶惶、坐卧不安。马皇后听后进谏道："妾是大脚，自己不嫌，陛下不嫌，别人纵然是嫌，有什么相干呢？陛下不是曾说幸亏妾脚大，才能背着陛下逃出死地吗？何况天子为民之父母，子女们随便说说自己的父母，并没有伤害父母之心，做父母的怎能大怒不止，要置子女于死地呢？"一席话说得太祖怒火全消，遂收回成命，使百姓免去了一场灾难。

针对太祖经常法外用刑、随意治罪的弊端，马皇后总是时刻加以提防，遇事设法补救并常从细枝末节中拾遗补缺。一次太祖发脾气责骂宫女，马皇后也假意发怒命令将宫女交付宫正司论罪。太祖认为朕一言就是法，不必交到宫正司议罪。马皇后解释道："帝王不可以喜怒加刑赏。当陛下大怒时，用刑可能会过重，不如交给宫正司，按罪定刑，公平处理。即便是陛下给人定罪，也应该根据法司的规定办事。"

我们熟悉马皇后，是缘于她的那双与时不同的"大足"。但真正让她彪炳史册的，是她在明朝建国前后，对朱元璋孜孜不倦的帮助和勤俭仁厚的生活作风，毫不夸张地说，若没有马皇后，即没有龙袍加身的朱元璋，也不会有明初较为开明的政治，以至于明朝历代后妃，争相效仿，引以为荣。她死之后，朱元璋大恸，从此再不立皇后。

　　身为国母，马皇后将其仁厚之风带到太祖、皇子身上，带到后宫之中。后人思之，无不感叹。其真乃历代后妃之楷模。可以说，有仁爱之心是魅力女人的灵魂，是女人最美丽的品质，一个充满仁爱之心的女人，如同和煦的春天温暖而芬芳。

善良的女人最美丽

没有女人不渴望自己美丽，没有女人不希望自己受人喜欢。那么，到底什么样的女人才最美丽，最受人喜欢呢？有人说是漂亮的女人，有人说是聪敏的女人，还有人说是有才气的女人，总之是众说纷纭，各有说辞。曾就有这个主题，专门组织过一个讨论会，但最终讨论的结果是：善良的女人最美丽，也最让人喜欢。其中有一位参与者的发言还赢得了最热烈的掌声。他讲道："比方说我的母亲吧，她已经去世很多年了，我还会常常想起她。她年轻时，按照一般社会评价标准，应该属于比较漂亮的那一类，何况她又是我的母亲，自有彼此的深情在；然而却很怪，有一次偶然发现，我对她的回忆主要是因为她的善良。在我的记忆中，只要有讨饭的人路过我家门口，母亲就总是请他们进屋，端来热水给他们洗手洗脸，然后把热饭和热菜端来让他们吃……有一次，一位陕西来的女人讨饭到我家，母亲请她吃饭时和她聊天，得知她是死了丈夫又受公婆和小姑子的气才逃出来的，听得母亲两眼潮潮的，随后便让她在我家洗了澡，然后还张罗着把我们村上的一个单身汉介绍给她，后来因为男的不同意才作罢。送那女人走的时候，我母亲还把自己的衣服给了她。人们常说，善良是一种美德，但在我看来，善良更是一种美丽。就是说，善良使人美丽，女人因善良而更美丽。"

可见，善良是女人最宝贵的品德，女人的这种内在美，是世上最永恒的美丽。

《巴黎圣母院》中的卡西莫多是世界文学史上刻画出的一个著名的丑人，但在人们看来，他要比那位卫队长和神父美丽得多。人们之所以会有这样的审美感受，显然是因为他的善良，一种奋不顾身的善良美。

至于生活中不断涌现的舍己为人者、无私奉献者乃至慈善家们，更是因为他们善良的品性与行为，令我们深觉可爱可敬。是他们使我们的生活更美丽，令我们在遭遇困难时得到帮助，并确信阳光是不会消失的，并且明日将更加灿烂。

善良是女人最宝贵的品德，一个女人再漂亮，再聪明，再有才能，如果具有一颗邪恶的心，那她最终只能成为一个恶婆。

善良的女人外表可能不漂亮，不引人注目，但她的一举一动却显示出内心的丰富与深厚。善良的女人还会有很深的涵养，她绝不会斜眼瞧人，也不会在大庭广众之下对人指手画脚，哪怕你踩上她的脚尖，她也只是轻轻一笑，让你觉得她无比的美丽动人。

善良是这个世界上最美好的一种情操，是人类先天存在的唯一崇高的根基。有人说过善良的女人能像明矾一样，使世界变得澄清，女人的善良是人类温情的源泉。

其实，女人一旦拥有一颗善良的心，就会善解人意，变得极富感情。她可以牺牲自己的利益，而去成全别人，可以俭朴却心志不变，也可以委屈而不失自尊。善良的女人不会轻易埋怨世人，不会牢骚满腹，她只知道默默地工作，同时不忘理解、体贴他人。就算她其貌不扬，或者韶光早逝，但她那颗善良的心却不会荒芜，这难道不比靠脂粉装扮的面孔更美丽吗?

可以说，善良的女人最美丽，而且是永恒的美丽。

帮助别人就是帮助自己

《圣经》上说，"助人就是助己"，作为一个女人，特别是一个想做出一番成就的女人，就要牢记这句话。因为，在奋斗的过程中，需要很多人的帮助，而只有先付出了，别人才会回报你。

有一个中年妇女，丈夫因病去世，自己一人带着女儿艰难度日。她原本在一家工厂上班，几年前，由于经济不景气，工厂倒闭，因此她下岗了。好在她平时待人很好，在街坊邻居里很有人缘，下岗不久，便在亲戚朋友的帮助下，在附近服装市场旁边开了一家小饭店。

饭店刚开张时，生意比较冷清，全靠朋友和街坊邻居们的关照，才得以维持下来。后来，由于女店主忠厚老实，又热情公道，小饭店渐渐开始有了回头客，生意也一天天地红火起来。

也许是女店主慈悲善良的缘故，几乎每到中午吃饭的时间，小镇上的五六个大小乞丐都会相继光顾这里。客人们常对女店主说："快把他们轰走吧，这些都是好吃懒做的主，别可怜他们！"这时女店主总是笑笑说："算了吧，谁还没个难处，你看他们风餐露宿的，也挺可怜的。"

人们都说，这女店主太善良了，从未见过小镇上其他店主能够像她那样对待这些肮脏不堪令人厌恶的乞丐的。若是别的店主，一见到乞丐上门，就会严厉地呵斥辱骂，毫不留情地赶走他们。而这位女店主则每次都会微笑着给他们的饭盆里盛满热饭热菜，而且多是从厨房里取出来的新鲜饭菜。更让人感动的是，在她的施舍过程中，没有丝毫的做作之态。她的表情和神态都十分亲切自然，好像她所做的一切都是自己分内应该做的事情。

日子就这样一天天地过着。一天深夜，服装市场里一家经营童装生意的店铺，因为电线短路，而引发了一场大火。那些服装都是易燃物品，加之火借风势，眨眼工夫整个市场便成了一片火海。

而小饭店紧邻服装市场，势单力孤的女店主，眼看辛苦张罗起来的饭店就要被熊熊大火所吞没，那刚刚添置的冰箱和彩电也即将化为灰烬，不觉心急如焚。这时，只见那帮平常天天上门乞讨的乞丐，不知从哪儿冒了出来，在老乞丐的率领下，冒着生命危险将冰箱彩电，还有一个个笨重的液化气罐奋力地搬运到了安全的地方。紧接着，他们又冲进火海，将女店主的财物全都搬了出来。消防车很快就开了过来，大火被扑灭了。小饭店由于抢救及时，只遭受了一点小小的损失。而周围的那些店铺，却因为得不到及时的救助，全变成了一片废墟。

大火过后，人们都说是女店主平时的善良行为得到了回报，要是没有这些平时受她恩惠的乞丐们出力，饭店恐怕也早已是一堆碎石瓦砾了。

人们常说："恶有恶报，善有善报。"其实拿到现实生活中来，这种所谓的"因果报应"只不过是心存感激的受惠者对施恩惠者的一种报答而已。

正如故事中的女店主一样，当你帮助别人的时候，自然在助人为乐之余还会得到回馈，这么美好的事情，为什么不愿意做呢？

乐于帮助别人的人，不仅能受到别人的尊敬，同时也能在危难之际得到别人的关照；而平日里便孤独一人的人，在需要帮助时，恐怕就只有靠自己了！

有人曾和上帝谈论天堂与地狱的问题。上帝对这个人说："来吧，我让你看看什么是地狱。"他们走进一个一群人围着一大锅肉汤的房间。每个人看来都营养不良、绝望又饥饿。每个人都拿着一只可以够到锅的汤匙，但汤匙的柄比他们的手臂长，没法把东西送进嘴里。他们看来非常悲苦。

"来吧！我再让你看看什么是天堂。"上帝说。他们进入另一个房间，它和第一个没什么不同：一锅汤、一群人、一样的长柄汤匙。但每个人都很快乐，吃得很愉快。因为他们互相用自己的汤匙舀肉去喂对方。

因为自私，人们不肯帮助别人，不肯为别人牺牲自己的一丁点利益，结果却是害人不利己，自己反而失去的更多。其实，帮助别人就是帮助自己，为别人而付出的同时，快乐和富裕便会进入你的心中。如果困守在自设的真空中，不肯接受也不愿意付出，那很有可能使自己窒息，很有可能像地狱的人们一样，守着食物饿死。

这虽然是一则寓言故事，但道理却发人深思。不管何时，不管何地，只要你肯付出，就能得到回报。只有在别人需要帮助的时候，你能不假思索地伸出援助之手，才能在自己陷入危机时得到别人的帮助。

帮助别人就是帮助自己，生活中当你为别人付出的时候，本身就会体验到快乐，因为付出也是一种快乐。为别人付出你的爱心，就种下一片希望，就会有硕果累累的一天，就能品尝到丰收的喜悦。

母爱是世间最伟大的力量

❋

　　总有一个人将我们支持，总有一种爱让我们铭记，这个人就是母亲，这种爱就是母爱。女性身上的母爱是伟大的，它像春天的燕子为我们衔来醉人的春光；它像潺潺的流水，时时滋润着我们幼稚的灵魂；它像最深情的乐谱，为我们弹奏出最动人最圣洁的旋律。

　　有一个婴儿即将出生。

　　一天，这个婴儿问上帝："他们告诉我明天你将要把我送到地球，不过为什么我在那儿会那么小和无助呢？"

　　上帝说："在所有的天使之中，我已经选中了一个给你，她将会等待你和照顾你。"

　　"不过，"小孩说，"在天堂里我除了歌唱和微笑之外什么都不做，这些是我的快乐所必需的！"上帝说："你的天使每天会为你歌唱和微笑。你会感受到她的爱，你会感到快乐。"

　　"还有，"小孩又问了，"如果我不懂他们说的语言，当人们对我说话的时候我怎样才能理解呢？"

　　"这很简单，"上帝说，"你的天使将教你语言中最美丽和最甜蜜的词语，并带着最大的耐心和关怀教会你怎样说话。"

　　小孩说："我听说地球上有坏人，谁将会保护我呢？"

上帝把手放在小孩身上说："你的天使将会保护你，甚至会冒生命的危险！"

在这一刻婴儿感到了无比的安全，他甚至可以听到从地球传来的声音。

小孩有点着急，他温柔地问："上帝啊，我现在将要离开，请告诉我，我的天使的名字！"

上帝回答说："天使的名字并不那么重要，你可以简单地叫她'妈妈'。"

这是一个温馨而感人的故事，是对我们伟大母亲的崇高礼赞。在这个世界上，从一开始就深爱着我们、保护着我们的人就是妈妈，她是我们永远的天使。也许随着年龄的增大，生活的日渐忙碌，你已逐渐忽略了对妈妈的关注。但如果你现在回过头去看看家门的方向，你会发现，那亲爱的妈妈，原来她一直在那里向我们眺望。

美国学者米尔曾说"母爱是世间最伟大的力量"。是的，母爱是一种神奇的、无穷的力量。它是一种任何人也无法代替的超自然的力量。女性之爱是伟大的、全面的，让子女在大爱中温暖地生长，让陌生的孩子在滴滴爱心中感受到呵护的力量。这就是母性之爱，一种世界上最美好、最温暖的情感！

参考文献

[1] 张志英. 做个会说话会办事会做人的女人［M］. 北京：北京理工大学，2011

[2] 崔挚妍. 会说话的女人最强大［M］. 北京：化学工业出版社，2013

[3] 诸琳，高超. 女人别输在不懂说话上［M］. 天津：天津人民出版社，2014

[4] 魔女shasha. 做个会表达的女人［M］. 北京：北京联合出版公司，2015

[5] 邢一麟. 做一个会说话、会办事、会赚钱的女人［M］. 银川：宁夏人民出版社，2014

[6] 卡耐基著，李劲译. 会表达的女人最优雅［M］. 北京：古吴轩出版社，2016

[7] 夏沫. 聪明女人的口才艺术与魅力修养［M］. 北京：煤炭工业出版社，2014

[8] 孙萌萌. 卡耐基写给女人的说话技巧与处世智慧［M］. 北京：金城出版社，2014

[9] 孙淑丽. 聪明女人最有效的处世智慧和说话技巧［M］. 天津：天津人民出版社，2016

[10] 吴静雅. 给女人的第一本人际交往书［M］. 成都：成都时代出版社，2014